U0150499

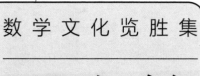

数学文化览胜集

历史篇

李国伟

中国教育出版传媒集团

高等教育出版社·北京

前言

　　"文化"这个字眼似乎人人都懂，但是谁也解释不清。连百度百科都说："给文化下一个准确或精确的定义，的确是一件非常困难的事情。对文化这个概念的解读，人类也一直众说不一。"虽然作为数学家，专业上应该讲究搞清楚定义，但是对于"数学文化"里的"文化"该如何定义，我就给自己一点可以放肆的模糊空间吧！

　　其实定义也不过是要给概念画条边界，然而即使边界画不明确，依旧能够大体掌握疆域里主要的山川风貌。说起"文化"少不了核心主角"人"，因为人的活动产生了文化的果实。再者，"文化"不会只包含物质层面的迹证，必然在精神层面有所彰显。最后，"文化"难以回避价值的选择，"好"与"坏"的尺度也许并非绝对，但是对于事物以及行为的品评总有一番取舍。

伽利略在其著作《试金者》(*Il Saggiatore*)中，曾经说过一段历久弥新的名言："自然哲学写在宏伟的宇宙之书里，总是打开着让我们审视。然而若非先学会读懂书中的语言，以及解释其中的符号，是不可能理解这本书的。此书用数学的语言所写，使用的符号包括三角形、圆以及其他几何图形。倘若不借助这些，则人类不得识一字，就会像游荡于暗黑迷宫之中。"虽然宇宙的大书是用数学的语言来表述的，但是人类学习它的词汇却历经艰辛。数学令人动容的地方，不仅是教科书里那些三角形、圆形和其他几何图形各种出人意表的客观性质，还有那些教科书里没有余裕篇幅来讲述的人间事迹。那里不仅包含个体从事数学探秘的悲、欢、离、合，也描绘了数学新知因社会需求而生，又促进了历史巨轮的滚动。数学这门少说有三千多年历史的学问，是人类精神文明的最高层次产品，不可能靠设计难题把人整得七荤八素而长存。一出人间历史乐剧中，数学绝对是让它动听的重要旋律。

因此，谈论数学文化先要讲好关于人的故事。在这套《数学文化览胜集》里，我将从四个方面观察数学、人文、社会之间的互动胜景。我把文章划分为四类：人物篇、历史篇、艺数篇、教育篇。

我喜欢《人物篇》里各章的主角，因为他们都曾经在当时数学主流之外，蹚出一条清溪，有的日后甚至拓展开恢宏的水域。我喜欢历史上这类辩证的发展，让独行者的声音能不绝于耳，好似美国文学家梭罗（Henry Thoreau，1817—1862）在《瓦尔登湖》（*Walden; or, Life in the Woods*）中所说："一个人没跟上同伴的脚步，也许正因为他听到另外的鼓点声。"[1]这种个人偏好当然也影响了价值取向，我以为在数学的国境内，不应该有绝对的霸主。一些不起眼的题材，都有可能成为日后重要领域的开端。正如美国诗人弗罗斯特（Robert Frost，1874—1963）的著名诗作《未选择的路》（*The Road Not Taken*）所描述：[2]

> 林中分出两条路
> 我选择人迹稀少的那条
> 因而产生了莫大差别

如果数学的天下只有一条康庄大道，就不会有今日曲径通幽繁花鼎盛的灿烂面貌，我们应该不时回顾并感念那些紧随内心呼唤而另辟蹊径的秀异人物。

延续《人物篇》所选择的视角，在《历史篇》中尝试观察的知识现象，也多有不为主流数学史所留意的题材。其实

1　If a man does not keep pace with his companions, perhaps it is because he hears a different drummer.
2　Two roads diverged in a wood, and I —
　　I took the one less traveled by
　　And that has made all the difference.

历史发生的就发生了，没发生的就没发生，像所谓的"李约瑟难题"，即近代科学为什么没有在中国产生这类问题，不敢期望会取得终极答案。历史的进程是极度复杂的，从太多难以分辨的影响因素中，厘清一条因果明晰的关系链条，这种企图对我来说没有什么吸引力。我只想从涉猎数学史的过程里寻觅一些乐趣，感受那种在前人到过的山川原野上采撷到被忽视的奇花异草的欣喜。

第三篇的主轴是"艺数"。"艺数"是近年来台湾数学科普界所新造的名词，它的范围至少包含以下三类：(1)以艺术手法展示数学内容；(2)受数学思想或成果启发的艺术；(3)数学家创作的艺术。数学与艺术互动最深刻的史实，莫过于欧洲文艺复兴时期从绘画发展出透视法，阿尔贝蒂（Leon Battista Alberti，1404—1472）的名著《论绘画》（*De Pictura*）开宗明义："我首先要从数学家那里撷取我的主题所需的材料。"这种技法日后促成数学家建立了射影几何学，终成为19世纪数学的主流。以往很多抽象的数学概念，数学家只能在脑中想象，很难传达给外行人体会。但是自从计算机带来的革命性进步，数学的抽象建构也得以用艺术的手法呈现出来。第三篇的诸章有心向读者介绍"艺数"这种跨接艺术与数学的领域，也让大家了解在台湾所开展的推广活动。

第四篇涉及教育方面的观点与意见。此处"教育"涵盖的范围取宽松的解释，从强调小学数学教育的重要到研究领域的评估，由事关学校的正规教育到涉及社会的普及教育，虽然看似有些散漫芜杂，但是贯穿我的观点的基调，仍然是伸张主流之外的声音，维护多元发展的氛围。

本套书若干篇章是改写自我在台湾发表过的文章。有些史实不时会提到，行文难免略有重叠之处，然而也因此使得各章可独立品味。只要对数学与数学家的世界感觉好奇的人，都可以成为本书的读者，并无特定的阅读门槛。这是我在大陆出版的第一套书，行文用词习惯恐有不尽相同之处。另外，个人学养有限，眼界或有不足，都需读者多包涵并请指正。

李国伟
写于面山见水书房
2021年5月

"计算"大叙事
的简要轮廓

一、主要观点

在这一章里，我先把结论放在前面，也就是我想倡议的几个观点：

第一，"计算"作为一个具有某些主体性知识的领域，虽然边界还不是非常明确，但是我认为正逐渐从数学里分化出来。从历史上来看，我们现在讲的物理学、生物学和化学，在300多年前牛顿时代都属于自然哲学。之后随着兴趣的相异、内容的深入，慢慢分化出各有特色的不同学科。计算活动在人类文化初期就存在，近几千年来它的知识包含在数学里。但是本质上，计算慢慢要从数学里分离出来，将拥有自己的特色，并形成自己独立的发展轨迹。

第二，"计算"有一个发展脉络，也就是立足于演化观与多元文化基础的脉络。在针对个别问题的研究之外，我认为应该替"计算"建立起全球性的、整合性的大叙事（grand narrative），其中特别需要矫正以欧洲文明为中心的偏见。

第三，一旦建立起全球性的叙事，中国古代算学占据的地位就会提高。从前西方搞数学史，能看到的东方文献相当稀少，因此他们认为中国对于世界数学没有什么贡献。但是我认为中国传统算学的风格，不仅是在数学领域里面有它的地位，在新的"计算"大叙事天地里也有其存在的空间。既然是全球范围的大叙事，自然不能轻忽中国文明的贡献。

第四，应该强调文化史的视角。虽然要以客观知识作为理解的基础，然而关注重点不在于技术性的细节，更着重于"计算"与社会的互动，彼此之间的影响、对于关键性人物的重新评价或深度认识。

举一个例子，现在将牛顿（Isaac Newton，1643—1727）看作几乎跟神一样。因为英国霸权的建立，也助力了牛顿在物理学上建立的优势地位，其实牛顿去世后，并没有即刻获得像现在一样的地位。包括他和莱布尼茨（Gottfried Wilhelm Leibniz，1646—1716）竞争微积分的发明者，都是些非常曲折有趣的历史故事。我们关心文化史，不是为了歌颂历史上的天才人物，而是为了挖掘历史轨迹的起伏，为什么有些东西本来评价一般，但后来评价日渐增高，它们深刻的文化意义是什么？最后我要强调的是，一旦"计算"的全球性大叙事建立的话，那就不仅是搞数理和电脑的人应该关心的题材，而且应该是人文与社会科学不容忽视的课题。例如，大家可以看到贴近生活的大数据的发展，马上就会涉及社会学的问题、法律的问题、伦理学的问题。总而言之，"计算"这个领域随着时间的推移，会持续容纳进来很多丰富的内容。所以我预想，300年后看我们现在的状况，就有些像我们现在回想300多年前牛顿时代一样，"计算"如同物理学、化学、生物学，要慢慢成熟茁壮而建立起独立的学科。如果我们没有采取一个比较不同的观点，没有从数学家的位置移开一步，没有保持适当的距离来看待这种演化，我们就可能没有感觉到新的生命正在出现。

以上就是我的四个主要观点。下面我简略举一些历史上的事迹作为佐证，勾勒出"计算"的大叙事轮廓。

先看一下计算有哪些要素。我们很笼统地称人类历史上的一些活动为计算。其实不管什么样的计算，大概少不了三项要素：算法、表征、工具。

二、算法

第一项要素是算法。算法是依据一定规则设计的一系列操作，用以解决特定类型的问题。算法具有以下特征：有限性、明确性、有效性。

大家都知道欧几里得《几何原本》是几何公理化的典范，它的第7卷命题1就给出了最早的、最具代表性的一个算法，我们现在称为"辗转相除法"，或者"欧几里得算法"。但可惜这是第7卷的第一个命题，利玛窦与徐光启只翻译了《几何原本》前6卷，这个算法恰好是第一个没翻译的命题。有趣的是，中国古代算学也有自己的"辗转相除法"，我们叫作"更相减损法"。

1983年底，考古学家于湖北张家山汉墓中发现竹简《算数书》，最晚应该是公元前186年制作完成的。这里面包含"约分"，就是求最大公约数的方法。中国古算最重要的一本书是《九章算术》，里面也继承了这个约分："约分术曰：可半者半之，不可半者，副置分母、子之数，以少减多，更相减损，求其等也。以等数约之。"这里两整数的最大公约数称为"等数"，例如：$(24,15) \rightarrow (9,15) \rightarrow (9,6) \rightarrow (3,6) \rightarrow (3,3)$，这跟欧几里得的辗转相除法基本是一样的。为什么要举这样的例子呢？因为中国确实有符合世界主流叙事的算法。

西方20世纪创建科学史学科的萨顿（George Sarton，1884—1956）曾说："12世纪是一个传递与折中的时代，也是一个吸收与融合的时代。正是从这时起，相互冲突的各种文化才极为紧密地联系起来，尤其是基督教和伊斯兰教，它们之间的相互影响构成新欧洲的坚实核心。"所以不能忽视欧洲文明是跟伊斯兰文明互相交流的，而伊斯兰文明其实早期更偏向东方，与印度及中国文明有相当程度的交流。欧洲受影响的一位关键人物是斐波那契（Fibonacci，他的名著叫《计算之书》。根据上海交通大学数学史家纪志刚等人的研究，这本书里面很多题目跟中国算学书里面的题目是一样的，有的连数据都完全一样，有的稍微变动一点。虽然我们很难从文献里，找到每个算法每一步是谁受谁影响的严格证据，但是互相雷同到这么高的程度，说没有受影响的可能性反而很低。更何况斐波那契活动在跟东方有商业往来的意大利，所以知识的流通是相当有可能的。纪志刚等人说："斐波那契是中世纪晚期欧洲第一位伟大的数学家，他的《计算之书》是欧洲数学复兴的标志。……通览《计算之书》，我们可以看到书中以问题为主导、以算法为主线、以问题解决为主旨的'应用数学'的突出风格，《计算之书》是埃及—希腊数学与印度—中国—阿拉伯数学的'合金'，是欧洲数学算法化进程中的一部重要著作。"所以算法的思想通过《计算之书》对欧洲数学的兴起有重要的影响。但是后来，特别是19世纪以后，数学的逻辑论证趋于主导地位，相比之下对于计算的评价就降低了，其实还原到历史的舞台上去看，"计算"有不可忽视的重要贡献。

三、表征

第二项要素是表征（representation）。在实际运行算法时的输入与输出，需要有代表物，算法中间步骤也需要有东西表示出来。表面看起来，电脑无所不能，什么都能算。其实都是一步步地经过表征，或者说通过编码，在最底层以二进制的0，1做计算。不同的表征对计算的效能是有影响的，所以对文化发展史的知识脉络而言，表征是非常重要的。

举两个特殊的例子，第一个是中国古代的算筹记数法，它的特色是十进制与位值制。同样一个数字在不同位置，它代表的大小不一样，这是非常先进的记数法，作为对比罗马数字就显得非常笨拙。《孙子算经》里面有："凡算之法，先识其位，一纵十横，百立千僵，千十相望，万百相当。"用小棍子（也就是所谓的算筹）帮助记数，有纵式的、有横式的，一二三四五纵式记数，到了后面棍子太多了看得眼花缭乱，那就一根横再加一根竖当六。为什么要用两种方式呢？都是纵式容易搞混，那么一纵一横就容易区别。虽然没有零这个符号，但空位就代表零，不能说中国古代没有零这个概念。

如何使用算筹来解题呢？举例来说，刘徽的《九章算术注》第8卷《方程》中第7题：

今有牛五、羊二，直金十两；牛二、羊五，直金八两。问：牛、羊各直金几何？

答曰：牛一直金一两二十一分两之一十三，羊一直金二十一分两之二十。

术曰：如方程。（假令为同齐，头位为牛，当相乘。右行定，更置牛十，羊四，直金二十两；左行牛十，羊二十五，直金四十两。牛数等同，金多二十两者，羊差二十一使之然也。以少行减多行，则牛数尽，惟羊与直金之数见，可得而知也。以小推大，虽四五行不异也。）

可以发现，刘徽的答案跟现代高斯解法基本上是一样的。还有小棍子可以是红色的，也可以是黑色的，从而红色算筹代表正数，黑色算筹代表负数，因此中国很早就有负数概念了。这个例子和前面算法的例子有点不一样，因为西方缺乏算筹系统，因而不能说中国影响了西方。但是既然讲的是一种全球的，而且是跨文化的大叙事，中国人精彩和光荣的创造就不容抹杀。

另一个代表性的人物是莱布尼茨，今天的二进制记数法基本上是来源于他的发明。来华的耶稣会传教士白晋（Joachim Bouvet, 1656—1730）寄给莱布尼茨八卦图，莱布尼茨从中看出了名堂，他说这64卦可以代表0, 1,…, 63这些数字。1703年，他发表了一篇关于二进制的论文，题目里出现Fohy这个词，就是伏羲的意思。他满怀兴奋地写了一封信给康熙皇帝，说你们中国人真了不起，居然发现这样的数制。康熙皇帝应该是中国历史上唯一对数学感兴趣的皇帝，但是可惜他没有回复。

四、工具

第三项要素是工具。从原始文化中的打绳结，或者用小石子帮忙记数开始，接下去计算工具的发展包括巴比伦人所使用的大理石材算板，还有从12世纪持续到16世纪的笔算与算盘的竞争，最后由笔算取得胜利。在算盘方面，罗马人有他们的算盘，但是因为罗马数字系统比较笨拙，他们的算盘并不好用。中国算盘在很长一段时间都是非常先进的计算工具，广泛地使用在东方文化圈一般生活交易里，然而它也丧失了算筹中一些很明显的数学操作。中国算盘最早出现在什么时候呢？在宋朝画家张择端有名的《清明上河图》长卷中，画面靠左边尾端有一个药铺，药铺桌上放了一个看似有15挡的算盘，也有人认为这不是最早出现的算盘。1592年，明朝程大位写了《直指算法统宗》，这是一本完全以珠算为主的算学书。这本书影响非常深远，此后两百年间都是中国的标准算学教科书，可是后来失传了。这本书经过韩国传到日本，对日本的数学影响很深。

从珠算再进步到机械式的计算器，出现了一位了不起的人物：帕斯卡（Blaise Pascal，1623—1662）。为了帮助父亲的税收工作，他19岁开始设计计算器。在1645年他的设计首次对外公开，1649年得到法国国王路易十四授予的专利权。他一共造了20台，现在尚存9台。帕斯卡设计的计算器由他自己一手包办画机械设计图。另外，莱布尼茨除了发明二进制以外，他的手稿里还可以找到设计的机械计算器，不过他的机械计算器从来没有真正完成过。他曾经花了很多钱，却遭遇了不少技术上的困难。他曾经拿他的设计到英国皇家学会显露，不幸当场就出了纰漏。1674年，他请了法国一位有名的钟表匠奥利维耶帮他制作了一台计算器，数年后将其送给哥廷根的卡斯特纳修理，结果下落不明，这台机器直到1879年才在哥廷根的一个阁楼里被发现。莱布尼茨的计算器虽然没有十分成功，但大家还是推崇他为计算发展中的关键人物。

另一个关键人物是英国的数学家巴贝奇（Charles Babbage，1791—1871），他最早开始设计及制造差分机。这是一种更高级的手摇十进制计算器。1819年至1822年，巴贝奇完成了21幅差分机改良版的构图，可以操作7阶差分及31位数字。因为缺乏经费支持，这台机器并没有制造出来。1833年至1835年，巴贝奇转去设计分析机。分析机与差分机最大的不同在于把算术运算与数据储存分开。巴贝奇把这两部分称为"作坊"与"仓库"，这反映了英国工业革命期间纺织业名词的影响。此外，巴贝奇还想用法国雅卡尔（Joseph Marie Jacquard，1752—1834）的提花纺织机上的打孔卡作为分析机的输入工具。分析机其实已经有我们当代电子计算机的思想雏形。巴贝奇在数学史里的评价也许不是非常突出，但是在"计算"的大叙事里，就有不可或缺的地位。

还有一个有趣的事情，1840年巴贝奇在访问意大利时，鼓励米那比亚（Luigi Menabrea，1809—1896）把分析机的构想撰文发表。1842年勒芙蕾丝（Ada Lovelace，1815—1852）翻译此文并加上自己的批注。在1980年之前这篇《分析机概论》是唯一详述分析机设计的文献。勒芙蕾丝还用文学的口吻说："正如雅卡尔的提花纺织机织出花朵与树叶一样，分析机织出代数的模式。"有人称勒芙蕾丝是最早的程序员，经专家研究这是过誉之词，她基本上是担当巴贝奇的秘书与诠释者的角色。但是因为现在重视女权，她的地位也被提高了。

还有一位鲜为人知的德国人楚泽（Konrad Zuse，1910—1995），他是学土木工程的怪才，喜欢自己动手做各种各样的计算机，1938年他制造的计算机今日还可以操作。最重要的是他率先使用二进制记数法，而且还用到了现代电脑里的浮点计算方法。1941年，楚泽制造了电脑Z3，初始值由人工打入，程序储存在打卡的胶片上，可以使用循环指令，但没有条件跳转指令，Z3被公认为现代第一台数字电脑。虽然Z3对于英美电脑的发展没有什么影响，可是从原创性来讲，它是领先的。1943年，楚泽公开了更为先进的Z4，甚至还发明了高阶的电脑语言。由于二战期间楚泽的际遇不是很好，他的电脑都遭到了破坏。一直到20世纪60年代他才有机会用他的发明申请专利。可是到1960年计算机已经进步很多了，专利局给他的回答是，你这些东西没有任何创新性。历史上一位做出重要贡献的人物几乎被埋没，在大叙事的脉络里应该把这些计算发展的真实面貌加以恢复。

五、电脑的逻辑基础

西方在亚里士多德开创逻辑之后，基本上没有引起什么大的改变，一直到布尔（George Boole, 1815—1864）把逻辑符号化。布尔出身贫寒，居然凭自学能力有了杰出的表现，最终被聘为爱尔兰科克大学教授。但是布尔最初在逻辑方面的成果，并没有受到应有的重视，因为它不是数学的主流问题。学问的发展是个辩证的途径，就连布尔生前也不知道自己做的东西多有价值。

光靠布尔的符号系统还不够，香农（Claude Shannon, 1916—2001）的硕士论文把布尔代数引入了交换电路的设计，使得电路设计有了系统的方法。其实香农也不是唯一的，苏联时代的数学家谢斯塔科夫（Viktor Ivanovič Šestakov, 1907—1987）比香农还早就做到了此事，但他的论文是1941年用俄文发表的，西方世界不太知道。其实一位日本的电机工程师中岛嶂（Nakashima Akira），于1935及1936年就在日本电气公司的刊物上发表了把布尔代数用在电路设计的文章。

为什么把布尔的贡献看得这么重要，因为"布尔可满足性"问题属于NP完备的问题。在1971年库克（Stephen Cook, 1939— ）的论文出现之前，甚至这一类问题的概念都没有。语句间的"与""或""非"看似简单，内涵却深刻，这么难的问题所展现的是计算的深度本质，无怪乎 P 等于或不等于 NP 是克雷研究所百万美金悬赏的题目之一。从计算的大叙事来看，这个问题的重要性也许不亚于数学里的黎曼猜想。也只有在计算的脉络里，它的意义与价值才得以完全凸显。

但是只使用"与""或""非"没办法充分表达数学的知识，因为涉及"对于所有的"或者"存在某个"的命题，就属于谓词逻辑的范围。谓词逻辑到希尔伯特时期达到成熟的形式，他提出了"判定性问题"："有没有一种算法，能够判定谓词逻辑的命题是否可以证明成立呢？"换个方式来问："设有一个关于命题的函数，该命题可证明成立则函数值为 1，否则为 0，那么这个函数可计算吗？"为了解决某一类问题是否存在算法解，必须要为"算法"和"可计算函数"给出明确的定义。

1936 年 丘 奇（Alonzo Church, 1903—1995）和 图 灵（Alan Turing, 1912—1954）解决了"判定性问题"，答案是否定的："谓词逻辑不存在一种判定方法。"两人虽然都解决了这个问题，而且丘奇还稍微早一点，但是丘奇的解决方式局限性较大，图灵在论文中设计的理论计算机应用性却非常广泛。图灵划时代的文章《论可计算数及其在判定性问题上的应用》主要贡献如下：第一，发明了一种抽象的理论计算机；第二，证明存在通用的计算机；第三，虽然计算机本领很大，但是也有计算机根本不能解决的问题，例如图灵所定义的"停机问题"。知名逻辑学家戴维斯（Martin Davis，1928— ）曾说："在图灵之前，一般都认为机器、程序、数据三个范畴，是全然不同的区块。机器是物理性的对象，我们今日称之为硬件；程序是准备做计算的方案……；数据是数值的输入。通用图灵机告诉我们，三个范畴的区分只是错觉。"前面提过计算的三个要素，其实深度的与本质性的结构，都可以融合为一。这种合一性也标志了计算作为具有主体性的知识领域，到达了一个关键的分水岭。

中国古代对角度的认识

一、角的定义

除了点、线、面、体之外，角度应该是人类几何直觉不难掌握的一个概念。但是在中国古典的天文、历学与数学中，角度的认识似乎有欠圆满。钱宝琮曾说："中国古代不知利用角度，然有《周髀》测望术，日、月、星辰在天空中地位，亦大概可知矣。"他还说："在后世数学书中，一般角的概念没有得到应有的重视。"关增建则说："中国古代365¼分度方法对于确定天体空间方位是有效的，惟其有效，才阻滞了其他分度方法的产生，导致了角度概念的不发达。"黄一农认为："中国古代的天文家在明末西学传入之前，一直未发展出近似西方几何学的严整的角度概念。当量度星体的角大小或两点间的角距离时，文献中所用古度值的意义常因人而异，有时近于现代的角度值，有时却直接以浑仪环上的刻画差来表示，故当以窥管测极星距极度或日、月的体径时，其值往往较今几何学中的角度值大一倍左右。"

其实角度比点、线等基本几何概念的内涵更为丰富，因此可以从逻辑上等价但着眼点迥异的方向来认识。西方古典几何学的代表作是欧几里得的《几何原本》，其中定义8描述了平面角度的意义。著名的《几何原本》英译者希斯爵士（Sir Thomas Heath, 1861—1940）认为欧几里得的定义富于创意，因为之前一般人是把角看作折曲或折断的线，而欧几里得把角度看作线与线之间的倾度（inclination）。希斯还综述了西方古代对角度的种种不同看法，甚至角度应属"质""量"还是"关系"哪一种范畴，也引起了不少的讨论。最后他总结前人的说法，把角度的定义方式划分为三类：

1. 角是两条直线方向间的差别。
2. 角是从一边旋转到达另一边的量。
3. 角是两条直线相夹的那部分平面。

既然西方几何学中对角的认识也有几套体系，我们似乎应该更致力厘清中国对角度理解的演变与特色，而不必执着于中国古代是否有现代角度的概念。

二、技艺里的角度

角是一个非常简单而易见的几何观念，古代人民通过农具、兵器、车辆、乐器的制造不可能不发现角的存在。但是"角"这个字的原意，按《说文解字》是指"兽角"，最初并不用它来称呼几何量。《考工记》里是以"倨句[1]"表示角度，倨表示钝，句表示锐，正如用"多少"表示数量，"长短"表示长度。《考工记》的《冶氏》有："已倨则不入，已句则不决，……是故倨句外博。……倨句中矩。"《辀人》有："倨句磬折。"《磬氏》有："为磬，倨句一矩有半。"《车人》有："倨句磬折，谓之中地。"可见"倨句"泛指直线的曲折程度，这有点类似欧几里得以前希腊人对角的定义。《车人》中也记载了一些特殊的角，所谓："半矩谓之宣，一宣有半谓之欘，一欘有半谓之柯，一柯有半谓之磬折。"很多论述都由此推算出宣是45°，欘是67°30'，柯是101°15'，磬折是151°52'30"。不过脱离开技艺的场所，这些角度并没有继续发展下去。本来有机会作为一般角统称的"倨句"，后来也不见了踪迹。这一脉最有可能与西方角度观念合流的思路，

1   古书中用"句"字，现已改用"勾"。下同.

很令人惋惜在中国未能发扬起来。

《考工记》还有另一条可以发展出角度的脉络。其中《筑氏》有："合六而成规。"《弓人》有："为天子之弓，合九而成规。为诸侯之弓，合七而成规。大夫之弓，合五而成规。士之弓，合三而成规。"这里是说用圆弧占圆周长的比例规定了弓背的弯曲程度，而圆弧有可能引出角度的观念。即使没有把圆心角明确地指出来，圆弧的度量也可以看作一种与角度在逻辑上等价的系统。这种观念在描述天球上星体的位置与运动方面，更有不可磨灭的价值。

三、天文里的"度"

中国古代天体运动的度量是以太阳的运动作为依据的标准。《后汉书·律历志下·历法》："天之动也，一昼一夜而运过周，星从天而西，日违天而东。日之所行与运周，在天成度，在历成日。"这里所成的度又该如何确定呢？"历数之生也，乃立仪、表，以校日景。景长则日远，天度之端也。日发其端，周而为岁，然其景不复，四周千四百六十一日，而景复初，是则日行之终。以周除日，得三百六十五四分度之一，为岁之日数。日日行一度，亦为天度。"因此周天为三百六十五又四分之一度着眼点不在圆心角的度量，而是天体间距离的标定。"度"这个字的本义便是指长度。《汉书·律历志》说过："度者，分、寸、尺、丈、引也，所以度长短也。"

《周髀算经》明确地记载了分圆的方法："术曰：倍正南方，以正句定之。即平地径二十一步，周六十三步。令其平矩以水正，则位径一百二十一尺七寸五分。因而三之，为三百六十五尺四分尺之一，以应周天三百六十五度四分度之一。审定分之，无令有纤微。分度以定，则正督经纬。而四分之一，合各九十一度十六分度之五，于是圆定而正。"在这种运作下，圆弧对应的圆心角几乎已经呼之欲出，但是古人的眼光并没有这么看。他们"立表正南北之中央，以绳系颠，……立周度者，各以其所先至游仪度上。车辐引绳，就中央之正以为毂，则正矣"。用对应比例的思想，以地面的尺寸量起天体的度数。但是因为众星绕北极星旋转，而所画圆心并不在北极星下，所以测出的地面弧长并不完全正比于周天的弧长。即使《周髀算经》体系内的盖天家知道这种偏差，他们也不可能跑到北极星下去测量。盖天说的这种弱点在浑天说中可以得到相当程度的校正，因为在浑天的模式里，只要把浑仪摆到"地中"，则子午环上的分度就正比于天球上的分度。因此我们可以说，在适当的天体模式下，以弧长作为度量的体系，是逻辑等价于角度的，特别是用弧度作单位的角度体系。只不过这种等价关系有一方是中国古代不曾自觉认识清楚的。

四、几何里的"隅"与"角"

《周髀算经》虽然在地面画圆分度，但是这种分度方法并没有应用到中国古代的几何体系，去度量不同角的大小。数学中最重要的一个角度概念就是直角，以"矩"作为度量它的工具。所谓："矩者，所以矩方器械，令不失其形也。"但是"矩"在很多场合也指矩形，所以要指矩形的顶角时只好使用另外一个说法"隅"了。"隅"本指房子的角落，例如《论语·述而》有名的说法："举一隅不以三隅反。""隅"逐渐普遍用来指各种建筑物的角落，进而在几何上称谓等于直角的角。例如《考工记》有："王宫门阿之制五雉，宫隅之制七雉，城隅之制九雉。"《诗经·邶风·静女》有："俟我于城隅。"《周髀算经》有："勾广三，股修四，径隅五。"《九章算术·句股》有："东门南至隅步数，以乘南门东至隅步数为实。"

值得注意的是《周髀算经》与《九章算术》，除了以上引用"隅"的例子外，并没有用"角"的文句。或者可推断在这两本书成书的时候，数学家的注意力基本上还在指谓直角的"隅"。由尖锐兽角引申来，有可能指谓非直角的"角"，还未赢得它应有的地位。《汉书·律历志》说："角，触也，物触地而出，戴芒角也。""角"的解释虽然脱离开兽角，但仍然是描写尖锐的形状。因为现代中国人已极少使用"隅"字，这种数学术语由"隅"为主，演化到以"角"为主的历史，似乎也反映了由直角走向一般角的认识过程。

三国时期的赵爽在《周髀算经注》中已说过："隅，角也。"可见到3世纪时，"角"的用法至少与"隅"已相当接近了。赵爽用"角"的例子在注文中有："伸圆之周而为句，展方之匝而为股，共结一角，邪适弦五。"在他著名的《句股圆方图》那段论说中有："开矩句之角，……，开矩股之角。"但与赵爽同时代的刘徽在《九章算术注》中，似乎比较爱用"隅"字。

刘徽用"角"的一个为人熟知的例子，是在《句股》章开始解释勾股形时说："短面曰句，长面曰股，相与结角曰弦。"此处"相与结角"的说法与前引赵爽注"共结一角"类似，但因刘徽基本上是以"隅"称呼直角，所以这句话的另一种合理解释是："直角三角形的短边叫勾，长边叫股，与短边（或长边）结角的边叫弦。"此处用"角"而不用"隅"，应该是强调所结的角不会是直角。刘徽另一个用"角"的地方是在讨论开方时说："欲除朱幂之角黄乙之幂，其意如初之所得也。"这个"角"字用得相当特殊，因为随后讨论开立方时，又恢复使用"隅"。"隅"字在开方术里的用法为后代的数学书籍承袭下去，延伸到唐初《缉古算经》时，甚至以实、方、廉、隅来说明方程的各项系数。

刘徽以后，在开方术之外，"隅""角"出现的场合可举其大要如下。

成书约在5世纪的《孙子算经》有："今有方田，桑生中央，从角至桑，一百四十七步，问：为田几何？……术曰：置角至桑一百四十七步，……"但是此题目中的"角"字，到6世纪北周数学家甄鸾的《五曹算经》里却又改为"隅"字。

唐朝李淳风注《周髀算经》用过"角隅正方，自然之数"的说法，注《九章算术》用过"自然从角至角，其径二尺可知。……角径亦皆一尺。更从觚角外畔围绕为规，……"此处"从角至角"度量的始终是角的顶点，但是不应把"角"字解释作或等同于"点"字，因为没有角的烘托，点的位置就失去了着落。并且由此可见"角"字使用的意味已渐隐含较广义的角了。

北宋沈括在《梦溪笔谈》里讨论隙积术时曾说过："刍童求见实方之积，隙积求见合角不尽，益出羡积也。"其中所合之角是一个方锥的顶角，所以"角"字也可以指立体角了。

南宋杨辉在《详解九章算法》讨论垛积时，用了"三角垛""四隅垛"的名称，还没有把"四隅"称为"四角"。但到元朝朱世杰《四元玉鉴》里已称"四角垛"。对于城墙的四隅也改用四角："令侵城四角週迴撅圍池。"类似《孙子算经》的"桑生田中"题目，变成直田中生出竹，已知"四角至竹各十三"。当"角"把"隅"也取代之后，"角"字真的成为一种统称的名词。

《四元玉鉴》里谈到八角形，到明朝程大位《算法统宗》更是普遍地使用"圆容六角""六角容圆""圆容三角""三角容圆""三角形""六角形""八角形"等，"角"在称呼多边形的用法上已与现代没有什么出入了。

在几何学的剧场内，"隅"由称呼直角的正统地位，逐渐抽象化成开方法的用词，而被"角"挤出了舞台。这种由"隅"到"角"的演化过程，相当程度上反映了中国古典几何学从对直角三角形的关注中，逐渐把视线转移到更一般的平面图形。例如南宋秦九韶《数书九章》卷五《田域类》的"尖田求积""三斜求积""斜荡求积""计地容民"，就讨论了在此之前未曾有过的题型。虽然秦九韶的公式仍可由勾股形逐步导出，但在题目的表现上已经脱离对勾股形的简单堆砌。

五、"角"的演变

"角"字为什么会由"兽角"逐步提升到对一般角的统称,并不容易从文献中确认原委。本小节尝试提出一条看来合理的路径。

兽角衍生的直觉意义自然会包含尖锐感,因此前面引过的《汉书·律历志》便曾说:"角,触也,物触地而出,戴芒角也。"按《说文解字》"芒"是指草端,在尖锐的意义上,"芒"与"角"便结合在一起了,也因此对光芒的形容就可以用"角"字。《史记·天官书》中至少有12处用到"角"字。

这些观察到的芒角,可能是因窥管测象而产生。其他用"芒"与"角"的例子还有,北周庾季才的《灵台秘苑》中称:"动者,光体摇动;芒者,光曜生锋芒刺;角者,头角长大芒;喜者,光色润泽;怒者,光芒威大大润泽。"可能是明朝刘基所辑,但托之唐朝李淳风所撰的《观象玩占》里,芒角已有更量化的定义:"光曜外出生锋曰芒,五寸以下谓之芒:芒而长四出曰角,一曰七寸以上谓之角。"

芒角的产生应该是对称的,也就是把芒角的端连起来会形成正多边形。对于正多边形古代也有一个特殊的字"觚"来描述。《汉书·律历志》说："其算法用竹，径一分，长六寸，二百七十一枚而成六觚，为一握。"刘徽在《九章算术注》求圆田的方法时，涉及六边、十二边、二十四边、四十八边、九十六边、一百九十二边、一千五百三十六边、三千零七十二边的正多边形。虽然南宋鲍澣之刻本及明《永乐大典》本均用若干"弧"，但清朝戴震校为若干"觚"。"觚"字本义为有八棱的酒器，上古原以兽角盛酒、饮酒，因此用来命名酒器的字多从角。这种字源的亲近性以及通过对星光描述的媒介，终致"觚""角"不分。"角"从尖锐的芒角，过渡到宽广的觚角，再统合了隅角，而日渐成为一般角的统称。

六、"角"与"度"

从前面的讨论，可以看出中国古代对于角度的认识，有三条依循的脉络。一条是后来未曾充分发展的技艺路线，另两条是各领风骚的天文与几何的研究传统。天文着重在圆弧的线性度量，而几何着重在边与边的交会空间。这两套等价的系统，如果不曾通过圆心角与圆弧的对应关系一起来，在角度的认识上是有缺陷的。清圣祖康熙皇帝敕编的《数理精蕴》说："凡圜界，皆以所对之角而命其弧，而角又以所对之弧而命其度。盖角度俱在圜界，而圜界为角度之规也。"这种"角"与"度"借由圆而贯通的统一认识，已经是中国人学习过欧几里得《几何原本》后的水平。

从史实上看，中国几何的"角"与天文的"度"，没有自发地统合到一个整体的认识中。但是为什么会如此，恐怕就成为一个无法回答的问题了。总的来看，中国古代角度观念不发达的原因，并不在于分度法的良窳，却在于代表几何的"角"与代表天文的"度"，未能彻底贯通成量天测地一律适用的"角度"。

假如徐光启
学通拉丁文

　　1607年，由利玛窦（Matteo Ricci，1552—1610）口译、徐光启（1562—1633）笔录的欧几里得《几何原本》前六卷在北京刊印了。此书对于中国的数学发展有长远的影响，时至今日我们还在使用许多利、徐二位所定的名词，例如直线、曲线、平行线、直角、锐角、钝角、三角形、四边形。这些名词已经那么自然地融入日常词汇里，以致我们都忘了它们原来是翻译名词。然而从另外一个角度来看，欧几里得几何学的精华，也就是铺陈数学证明的公理法（或译为公设法），却没有在中国传统的数学思想里扎下根，因此我们也可以说《几何原本》的影响是浅层的。这种看来矛盾的吊诡现象，实在是中西学术交流史上，相当值得反思的课题。

　　1600年（明万历二十八年），徐光启赴南京拜见恩师焦竑，也初次与耶稣会传教士利玛窦晤面。三年后他在南京受洗入教，取名保禄；再次年考取进士，任翰林院庶吉士留住北京。此时利玛窦已经在京三年，所以徐光启有机会经常向利玛窦学习教义。关于他俩翻译《几何原本》的动机，据利玛窦《开教史》的记载，是徐光启首先提议翻译西方自然科学著作的：

> 徐保禄博士看来只是为了提高神父们和欧洲的威信，发扬天主教，向利玛窦神父建议，翻译一些我们的科学著作，以此向该国学者表明，我们的钻研是多么勤奋，论证的基础又是多么完美。由此，他们将明白天主之道是多么有说服力，值得跟从。经过讨论，此时此地，欧几里得《几何原本》乃是不二之选。中国人欣赏数学，但人人都说看不到根本原则所在；此外，我们也打算单纯教授一些科学知识，没有这本书一切都无从谈起，特别是此书的证明非常清晰。[1]

徐光启与利玛窦合作只一年就完成了《几何原本》前六卷的翻译工作，这样高效率的原因，一方面是利玛窦既熟知平面几何又相当通晓中文，另一方面刚好徐光启天资过人、精力旺盛，很快掌握所习得的数学，能用明晰的中文表达出来。并且他特别勤奋，每日接受口传，利玛窦在《译几何原本引》中说："先生就功，命余口传，自以笔受焉。反复展

1　安国风.欧几里得在中国：汉译《几何原本》的源流与影响.纪志刚，郑诚，郑方磊，译.南京：江苏人民出版社，2008：92.

转，求合本书之意，以中夏之文重复订政，凡三易稿。"可见翻译工作的辛苦。

在协助利玛窦翻译《几何原本》的同时，徐光启也同步认真学习了几何学。明末许多中国古典数学书都已失传，徐光启没有受到强烈传统数学的熏陶与限制，反而因此体会出公理法的特性与优势。他在《刻几何原本序》中说："由显入微，从疑得信，盖不用为用，众用所基。"深得数学非工具性的特质。而在《几何原本杂议》里说："此书有四不可得：欲脱之不可得，欲驳之不可得，欲减之不可得，欲前后更置之不可得。"也掌握到公理法的逻辑精神。

《几何原本》共有十三卷，前六卷自成一个专讲平面几何的系统。第七至第九卷属于数论，第十卷处理无理量，第十一至第十三卷主要讲立体几何。整体来说，它相当全面地展现了古希腊数学的核心知识。虽然徐光启学得兴致勃勃，十分愿意继续翻译下去，但利玛窦却说："止，请先传此使同志者习之，果以为用也，而后徐计其余。"中译本出版后不久，徐光启因父亲过世返乡守制，等到三年后回北京时，利玛窦不幸先已归天。徐光启在《题几何原本再校本》中感叹："续成大业，未知何日，未知何人。"至于利玛窦为什么停止翻译，利、徐二人都没有表述理由，不过杨泽忠在《利玛窦中止翻译〈几何原本〉的原因》[1]一文中，提出的解释单

1　历史教学，2004(2): 70-72.

纯而合理:

　　由此,我们完全可以看出,其实利玛窦和徐光启翻译《几何原本》是一个很巧的事件。当时两个人恰好都有时间和空间,也都互相欣赏,可谓天时、地利、人和三者俱备。说利玛窦拒绝了徐光启实际上是没有的事。之所以中断这个过程,完全是意外事件造成的。若不是徐父的去世,也许他们还能继续下去。

　　我们不由会问一个假设性的问题:如果徐光启当时痛下决心学通拉丁文,独力把《几何原本》后七卷翻译出来,不知中国数学后续的发展会不会有迥然不同的轨迹?康熙时期最杰出的数学家梅文鼎曾说:"言西学者,以几何为第一义。而传只六卷,其有所秘耶?抑为义理渊深,翻译不易,而姑有所待耶?"在清朝乾隆皇帝锁国之前,中国的数学家除了怀疑洋人留一手外,好像没有人去认真学习拉丁文,而后得以探索西方科学的究竟。

　　这让我们想起佛教通过翻译经典,不仅传入中国而且能生根的历史。从东汉末年到唐中叶,经历六百年之久,终让译经事业从萌芽到繁盛。这是世界文化史上一等的壮举,而所译卷帙庞大的经论,也成为人类文化的瑰宝。译经工作在唐朝玄奘（602—664）时期达到高峰，《大唐大慈恩寺三藏法师传》卷一说他："既遍谒众师，备餐其说，详考其义，各擅宗途，验之圣典，亦隐显有异，莫知适从。乃誓游西方，以问所惑。"他通过追本溯源留学印度17年，回国后领导翻译佛经1 300多万字，使大乘佛教在中国发扬光大起来。

可惜明末清初的数学家缺乏玄奘那种追根究底的魄力，未曾远赴欧洲学习当代数学与其他科学知识。不能掌握欧洲知识界交流思想的语言工具，即使是徐光启也难以继续精进。虽然徐光启乐观地认为《几何原本》"百年之后必人人习之"，但是早在1681年李子金（1622—1701）为杜知耕的《数学钥》作序，谈到学者对待《几何原本》的态度时，便说："京师诸君子即素所号为通人者，无不望之反走，否则掩卷不谈，或谈之亦茫然而不得其解。"可见《几何原本》并没有得到徐光启预期的效果。

清初有些数学家虽然也尝试着定义数学概念，以及给出推论所依据的命题，但是最后还是在浓厚的致用文化氛围里，走上虽然号称会通中西，但其实是以中御西的道路。他们不仅认为西方来的数学都不出传统勾股数学范围，到乾嘉学派时，还花很多气力去做收集、校勘、注释与翻刻古代数学书籍的复古活动。在徐光启之后，没有人对欧几里得的核心思想公理法有更深刻的认识，更不用说有像牛顿那样用公理法把自然知识组织起来的想法了。以下陈方正在《〈几何原本〉在不同文明之翻译及命运初探》[1] 所说，认为文化的盲目自信是轻忽欧几里得的核心原因：

自古希腊以至17世纪为止，《几何原本》在西方科学中始终具有无与伦比的权威性和重要性。另一方面，罗马文明忽略《几何原本》和中华文明接触到《几何原本》但不为所动，都可以说是对本身文化过于坚定自信所致，这和新兴而尚未有深厚文化累积的伊斯兰帝国看古希腊文明，或者脱离所谓"黑暗时代"未久的欧洲看当时已经富强先进多个世纪的伊斯兰文明，心态是完全不一样的。

总的来说，17世纪的中国数学家曾有那么一次也许能够脱胎换骨的机会，可叹他们与之交臂失矣！

1　中国文化研究所学报，2008(48): 193-209.

鸽笼原理
其来有自

老师："如果有五只鸽子要回家，却只有四个鸽笼，那会怎么样？"

大雄："谁偷走了一个鸽笼？"

小明："有一只鸽子去流浪啦！"

阿美："会有一个笼子里有两只鸽子。"

阿美的回答最有数学味，因为数学里的"鸽笼原理"（Pigeonhole Principle）就是说："当鸽子的数目大于鸽笼的数目时，必有两只或两只以上的鸽子住在同一个鸽笼里。"换一个角度来叙述就是："当鸽子的数目大于鸽笼的数目时，必然会有某个鸽笼里住了至少两只鸽子。"实际应用这个原理解决问题时，关键常在把什么当鸽子，把什么当鸽笼。举个例子来看：

【例1】半径为1的圆盘上有7个点，其中任两个点的距离都不小于1，则7个点中必有一点为圆心。

【证明】以圆心 O 及圆周上6点 $A_1, \cdots, A_6$ 把圆盘等分为6块（如下图所示），

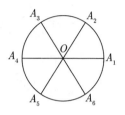

6个鸽笼：

$S_1 = $ 扇形 A_1OA_2 去掉线段 OA_2，

$\vdots$

$S_6 = $ 扇形 A_6OA_1 去掉线段 OA_1。

（请注意：圆心 O 不属于任何一块扇形。）

7只鸽子：圆盘上任给的7个点。

　　除了圆心，圆盘上任一点都落在唯一的某 S_i（$i=1,2,\cdots,6$）中，而 S_i 中任两个点间的距离都小于1。如果给定的7个点不包括圆心 O，则根据鸽笼原理必有两个点落入同一块扇形，它们的距离会小于1，与题意矛盾。结论：7个点中必有一点为圆心。

　　【例2】令正三角形 ABC 的边长为1，把三角形 ABC 的区域任意划分为 S_1, S_2, S_3 三个集合（每个集合不必然是一

块连通的区域），则必定有某个 S_i $(i=1,2,3)$ 包含两点，彼此间距离不小于 $\frac{1}{\sqrt{3}}$。

【证明】

3 个鸽笼：S_1, S_2, S_3。

4 只鸽子：A, B, C 及正三角形重心 O。

这 4 只鸽子中必然有两只落在同一个 S_i $(i=1,2,3)$ 中，但是不难算出 A, B, C, O 两两之间距离不小于 $\frac{1}{\sqrt{3}}$，所以那个 S_i $(i=1,2,3)$ 中包含的两点，彼此之间距离不小于 $\frac{1}{\sqrt{3}}$。

从上面这两个例子就可以看出，如何巧妙运用鸽笼原理真是存乎一心，并非呆板套公式就能达成目的。其实，这么显而易见的"原理"还非常有用，许多地方都能看到它的踪迹。那么是不是远古的埃及人或希腊人就已经发现了这条"原理"呢？不！通常书里都说"鸽笼原理"的应用，最早出现在 1842 年德国数学家狄利克雷（Gustav Lejeune Dirichlet, 1805—1859）的数论书里，不过他当时并没有起任何名字。狄利克雷在后来的著作里，称之为"抽屉原理"（Schubfachprinzip）。到 1910 年闵可夫斯基（Hermann Minkowski, 1864—1909）在他的名著《数的几何》里，也只称之为"有名的狄利克雷方法"。1941 年鲁滨孙（Raphael Robinson, 1911—1995）在《美国数学会志》发表论文的脚注里引入了"鸽笼原理"，这是迄今查到最早使用此名称的英语文献。

其实在狄利克雷之前就有人使用过鸽笼原理，那就是大名鼎鼎的高斯（Carl Friedrich Gauss, 1777—1855）。他在1801年出版了影响数论极为深远的著作《算术探索》（*Disquisitiones Arithmeticae*），其中定理45的叙述是：对于几何序列1, a, a^2, a^3, … 而言，如果素数p与a互素，那么除了1之外，必有另外一项a^t，使得1与a^t同余于模数p，[1] 而且t可以取得小于p。虽然高斯在证明此定理时没有宣称使用什么原理，实质上他是以同余类[1], [2], …, [p-1]为鸽笼，而把1, a, a^2, …, a^{p-1}当作鸽子。那么在高斯之前还有没有人运用过鸽笼原理呢？

2014年，法国数学家李陶（Benoît Ritaud）与比利时数学史家希弗（Albrecht Heeffer）经过考察，发现1622年法国耶稣会传教士吕里雄（Jean Leurechon, 1591—1670）曾经说过："必然有两个人彼此都拥有相同数目的头发、钱币或其他东西。"1624年，一本畅销书《数学娱乐》（*Récréations Mathématiques*）就引用了吕里雄的断言，并且说明为什么结论是对的。李陶与希弗认为文献里没有比吕里雄更早使用鸽笼原理思想的例证了。

《数学娱乐》首先说世界上人的数目必然多过头发最茂密的人的发丝数。为了方便读者理解，作者把问题大量简

1　就是用p分别除1与a^t，所得的余数相同。

化，只假设有100个人，而头发最多的人有99根发丝。先拿99个人来考虑，他们中间若有两个人发丝数目相同，就验证了原来的断言。否则，他们之中某人有一根发丝、某人有两根发丝、如此类推直到某人有99根发丝。现在来观察第100个人，依据假设条件，他的发丝数不能多于99，那必然会与前面99个人中的某位发丝数相同，原来断言也因而得证。

其实，李陶与希弗的结论也许针对西方文献是正确的，可是在中国文献里却有更早的例证。刘钝率先发表《若干明清笔记中的数学史料》[1]一文，指出清朝乾隆年间阮癸生在《茶余客话》中说道：

> 人命八字，共计五十一万八千四百，天下恒河沙数何止于此，富贵贫贱寿夭势不能同，即以上四刻下四刻算之，亦止一百三万六千八百尽之，天下之人，何止千万，亦不能不同。且以薄海之遥，民物之众，等差之分，谓一日止生十二种人或二十四种人，岂不谓诬？

此处批八字是以60甲子纪年纪日，12干支纪月纪时，因此不同的组合数等于60×12×60×12=518 400。如果把一个时辰分成上、下两半，也不过仅有1 036 800种。这就是鸽笼数目，但天下人却不只上千万，所以必有八字相

　1　中国科技史料，1989, 10(4): 49-56.

同而命运相异的人。还有清朝咸丰年间陈其元《庸闲斋笔记》曾说：

> 余最不信星命推步之说，以为一时生一人，一日当生十二人，以岁计之则有四千三百二十人，以一甲子计之，止有二十五万九千二百人而已；今只一大郡以计，其户口之数已不下数十万人（如咸丰十年杭州府一城八十万人），则举天下之大，自王公大人以至小民，何啻亿万万人？则生时同者必不少矣，其间王公大人始生之时，必有庶民同时而生者，又何贵贱贫富之不同也？

此处则是以 12 时辰、360 日、60 甲子计算，得出 259 200 的鸽笼数。阮癸生与陈其元驳斥以生辰八字推断命运的做法，都隐含了鸽笼原理的思想。

随刘钝之后郭正谊发表《关于七巧图及其他》[1] 一文，再披露进一步补充的观察。他认为最早驳斥八字算命虚妄的是南宋无锡人费衮（生卒年不详），在 1192 年刊印的《梁溪漫志》里，有一段运用"鸽笼原理"的笔记《谭命》：

> 近世士大夫多喜谭命，往往自能推步，有精绝者。予尝见人言日者阅人命，盖未始见年月日时同者，纵有一二必唱

言于人以为异。尝略计之，若生时无同者，则一时生一人，一日当生十二人，以岁计之，则有四千三百二十人，以一甲子计之，止有二十五万九千二百人而已。今只以一大郡计其户口之数，尚不减数十万，况举天下之大，自王公大人以至小民，何啻亿兆，虽明于数者有不能历算，则生时同者必不为少矣。其间王公大人始生之时则必有庶民同时而生者，又何贵贱贫富之不同也？此说似有理，予不晓命术，姑记之以俟深于五行者折衷焉。

上文中的"时"意指"时辰"，一年之中有 $12 \times 30 \times 12 = 4\ 320$ 个时辰，一甲子是60年，所以共有259 200个时辰。因为60年里出生的人数远大于时辰数，所以"生时同者必不为少矣"，这可以说是"鸽笼原理"的应用。然而，"鸽笼原理"并不能保证"其间王公大人始生之时，则必有庶民同时而生者"。费衮使用"鸽笼原理"的严谨性虽不如吕里雄，但是费衮超前吕里雄400年。在不重视逻辑与证明的中国古代士人圈里，费衮的推理本领也可算是奇葩了。

迟来报到的素数

2013年，国际数学界最轰动的新闻，应属中国留美学者张益唐在孪生素数问题上所做出的突破。他个人的经历更增加了整件事的传奇性。张益唐虽然是北大数学系的高才生，但是37岁从美国普渡大学获得博士学位之后，因与指导教授意趣不合，一时在学界无法发展，多年靠打工糊口。1999年，他才好不容易到新罕布什尔大学数学系任讲师。张益唐在长期不得意的岁月里，虽然没有发表什么数学论文，但是也不曾丧失志气，还是坚持研究自己喜欢的数学问题。张益唐在58岁暴得大名，各种奖项与头衔接踵而来，在最是少年逞英豪的数学世界里，真成为一个异数。英国数学家哈代（Godfrey Harold Hardy, 1877—1947）在他著名的小册子《一个数学家的辩白》（*A Mathematician's Apology*）里曾说："我不知道有任何一项数学的主要进展，是由超过五十岁的人所启动的。"张益唐正好是哈代偏见的一个反例。

2019 年张益唐与作者在大连"第九届全国数学文化论坛学术会议"合影

张益唐研究的是关于素数的性质。一个自然数 p 是素数(也称为质数)的条件有二:(1) p 大于 1;(2)除了 1 与 p 自己之外,没有别的自然数能整除 p。全体素数可以从小到大排成一个序列 2, 3, 5, 7, 11, 13, …,通常把排在第 n 个位置的素数记作 p_n。如果 p_n 与 p_{n+1} 相差为 2,则称素数对 (p_n, p_{n+1}) 为一对孪生素数,例如 3 与 5,5 与 7,11 与 13。孪生素数猜想是说这样的素数对有无穷多组。因为古希腊的欧几里得在他的巨著《几何原本》里，曾经证明素数有无穷多个，所以有人以为是欧几里得最先提出孪生素数猜想。其实不然，目前从文献中所见，1879年英国数学家格莱舍（James Whitbread Lee Glaisher, 1848—1928）在《数学信使》（*Messenger of Mathematics*）杂志上的一篇文章，第一次将孪生素数猜想见诸文字。[1]

张益唐的大突破是证明有无穷多组素数对 (p_n, p_{n+1}) 使得 p_n 与 p_{n+1} 相距不超过7 000万。为什么这是一个大突破呢？因为在张益唐之前，不管给出什么固定数 m，完全不知道相差在 m 之内的素数对，到底是有限多个还是无穷多个。自从2013年5月他的成果在国际媒体上广为流传之后，世界上很多数学家努力把7 000万的差距压缩，目前已经改善到246之内。但是这距离孪生素数猜想所需的2，还有巨大的鸿沟。

一般人从媒体得知张益唐对数学做出了重大贡献，可能会好奇地问他的结果有什么用？这里"用"当然是指实际的应用。其实，他的成果目前还只有纯学术价值，与国计民生毫不相干。自从古希腊人辨识出素数，在两千多年的时间里，除了数学家关心素数外，素数一直缺乏任何应用价值。20世纪计算机迅速发展之后，才利用大数因子分解成素数超级困难的特性，产生了某些几乎无法有效破解的密码系统，被广泛地应用到金融、通信、数据保密上。一个基本的

1　William Dunham. A Note on the Origin of the Twin Prime Conjecture. *Notices of the ICCM*, 2013, 1(1):63–65.

数学概念，经历了两千多年的沧桑，才显现出它的实用价值，这不是一件平凡的成就。因此，我们不得不佩服希腊人研究素数的真知灼见，并且感叹18世纪前的中国传统数学里却不见素数的踪迹。素数为什么会在中国迟来报到？实在是一个令人费解的现象。

欧几里得的《几何原本》约在公元前300年成书，是古希腊数学集大成之作。第七卷讨论数的性质，使用几何的观点来理解数。也就是从"单位"的概念出发，以度量直线段的方式引入"数"。第七卷定义2说："一个数是由许多单位合成的。"因此，1代表单位而不算作"数"。定义11说："素数是只能为一个单位所量尽者。"定义16说："两数相乘得出的数称为面，其两边就是相乘的数。"所以素数只能是线，而不能称为面。从这些定义可以看出来，古希腊人所谓的"数"依附在几何的体系里而得以操作。中国古代缺乏像《几何原本》这种按照逻辑次序铺陈结果的数学书，通常是以解决实际问题的风貌来书写的，因此不太可能探讨与阐述"数"的纯粹性质。例如，以《九章算术》为代表的中国古算里，数字是与矩形、直角三角形的面积紧密相关的，但却没有像希腊人那样分辨，有些数可以表现为面，而有些数却不可以？

也许古代中国缺乏欧几里得所拥有的知识背景，因而造成了双方关注问题的差异。古希腊有一位重要的哲人德谟克利特（Democritus，约公元前460—前370），他主张万物皆由不可分割的"原子"所构成。在"原子论"的知识背景下，数目1就不会与其他数目等量齐观了，1是"单位"，是数的"原子"。中国古代没有明确的"原子论"，《墨子·经上》所说："非，斫半，进前取也。前，则中无为半，犹端也。"其中切得不能再切的"端"，在《墨子·经上》解释为："端，体之无厚而最前者也。"也只是类似"原子"的概念，并未发展到德谟克利特的思想程度。"原子论"思想的欠缺，或许是素数在中国古算里缺席的原因之一。

康熙敕编的《数理精蕴》（1713—1722）是融合中西数学的百科全书，其中将素数译为"数根"，并且在附表《对数阐微》中列有素数表。虽然素数已经在中国现身，但是数学家并没有感到相见恨晚而深入探讨。晚清数学名家李善兰（1811—1882）在翻译欧几里得《几何原本》后九卷时，第七卷第十一界说为"数根者惟一能度而他数不能度"，也把素数翻译成"数根"。李善兰很可能受《数理精蕴》的影响，而去研究判别给定数是否为素数的方法。英国传教士伟烈亚力（Alexander Wylie，1815—1887）将其中一法，以给编辑的信公布在香港一家英文杂志上，其叙述为"以2的对数乘给定的数，求出其真数，以2减同数，以给定数除余数，若能除尽，则给定数为素数；若不能除尽，则不是素数。"[1] 此命题常被称为"中国定理"，其实是欧洲早已知道的"费马小定理"的逆命题，该定理断言若 p 为素数，则 $2^p-2 \equiv 0(\bmod\ p)$。其实李善兰的方法并不永远正确，例如：$2^{341}-2$ 是 341 的整倍数，但是 $341=11 \times 31$ 并不是一个素数。1872 年，李善兰在《中西闻见录》报刊发表了《考数根法》一文，成为清末关于素数研究的重要成果，但是他并没有收录"中国定理"，应该是他已经知道命题并不为真。要知道李善兰与高斯的生活是有重叠的时期，因此当西方以素数为基础所建立的数论，已经繁复深刻美不胜收之时，也许连李善兰都不完全清楚当时中国落后的程度是多么巨大！

1　韩琦．李善兰"中国定理"之由来及其反响．自然科学史研究，1999，18（1）：7-13．

如果0不算偶数，
1也曾经不是奇数

　　2020年1月23日，武汉因为防止新冠肺炎病毒传播而封城的消息传开，也引起了台湾民众的恐慌情绪。在能购买到口罩的药局、便利商店、超市、大卖场都出现排队抢购的长龙，使得很多人感觉一罩难求。到了2月6日，台湾当局不仅禁止口罩外销，而且由官方统购口罩，再按实名制发售。民众须凭全民健康保险卡到特约的药局才能买得到，并且还要看身份证末码来区分允许购买的日子。奇数号者限于每周一、三、五购买，偶数号者限于每周二、四、六购买，周日才开放全民购买。

　　第一张宣传"口罩实名制上路"的海报一经推出，居然引起预先没想到的小风波，就是有相当数量的人不确定，如果末码是0的话，应该在星期几去买口罩。因此引起台南奇美医院的陈志金医师在脸书上讽刺地说：

【口罩实名制】有没有贡献？

昨晚最大的贡献之一

就是能够在一夕之间

让大众具体知道

"奇数"和"偶数"的差别

还让至少230万人知道"零"是偶数！（230万没有少一个0喔！

想想看为什么？这又是一个启发的问题。）

　　他还在文末标注了关键词"数学教育史上的一大突破"以及"卫福部兼教数学，跨部会合作的典范"。陈医师的这篇脸书立刻被台湾广大媒体转载，读者们也发出了各种各样的酸言酸语回应。迫使台湾当局推出加注"零是偶数喔"的改良版海报。其实还不如直接说末码 1，3，5，7，9 在星期一、三、五购买，末码 0，2，4，6，8 在星期二、四、六购买，让大众一目了然。平日里"奇数""偶数"并不是太冷僻的字眼，然而数字分奇偶到底从何而来呢？

　　要说"偶"先从"耦"讲起。东汉许慎所著《说文解字》卷四下《耒部》："耦：耒广五寸为伐，二伐为耦。从耒禺声。"清朝段玉裁（1735—1815）《说文解字注》说："耕，各本作耒，今依太平御览正。匠人：耜广五寸，二耜为耦，一耦之伐。……注：古者耜一金两人并发之，……伐之言发也。……耕即耜，谓犁之金其广五寸也。……'长沮、桀溺耦而耕'，此两人并发之证。引伸为凡人耦之偶。俗借偶。"就是说用来挖开泥土的耕作农具是五寸长的金属器，由两个人一起操作，称之为"耜"。并且引用《论语·微子》中记述长沮、桀溺两人合作耕地为"耦"的证据。又因"耦"可指制造的人俑，俗字就借用为"偶"。所以"耦"（"偶"）最初只是指两个、一对。其他佐证的例子，如《左传·襄公二十九年》："公享之，展庄叔执币，射者三耦。"曹魏末与西晋前期的杜预（222—285）注："二人为耦。"西晋陈寿（233—297）《三国志·吴志》卷四十七《吴主权传》："今孤父子亲自受田，车中八牛以为四耦。"可能西汉已成书的《周礼》，其中《夏官·司马》讲"射人"的职责有谓："王以六耦……诸侯以四耦……孤、卿、大夫以三耦。"

再来说"奇"字。许慎《说文解字》卷五上《可部》："奇：异也。一曰：不耦。从大，从可。"段玉裁《说文解字注》说："异也。不群之谓。一曰不耦。奇耦字当作此。今作偶，俗。"解释作与别的不一样解时读如"其"，作为耦的否定义时读如"基"。所以从字源上来说，二为偶，偶为基本，奇因否定偶而生。还没有用奇偶把正整数区分为两类的抽象概念。

中国古代普遍把《易》（即《易经》，也称《周易》）当作数学的源头。东汉班固（32—92）《汉书·律历志上》："自伏羲画八卦，由数起，至黄帝、尧、舜而大备。"唐朝颜师古（581—645）注曰："言万物之数因八卦而起也。"中国古代伟大的数学家刘徽（约225—295）所作《九章算术注》序言说："昔在包牺氏始画八卦，以通神明之德，以类万物之情，作九九之术，以合六爻之变。"也附和这种论调。清朝康熙御制《数理精蕴》卷一《数理本原》开宗明义："粤稽上古，河出图，洛出书，八卦是生，九畴是叙，数学亦于是乎肇焉。"延续此一传统观点。在乾隆《钦定四库全书总目提要·经部卷一·经部一》说："又《易》道广大，无所不包，旁及天文、地理、乐律、兵法、韵学、算术以逮方外之炉火，皆可援《易》以为说，而好异者又援以入《易》，故《易》说愈繁。"综述了《易》几乎无所不包的看法。中国传统主流思想没有把数的起源诉诸自然的记数行为，而归功于《易》这本卜筮之书，也使得数与象数、术数这些玄学领域结下了不解之缘。

既然《易》是数学的源头，那么奇偶在其中是如何呈现的呢？遍查《易》的本文不见奇、偶、耦这三字的踪影。但是后世阐发《易》时常援引《易·系辞传》，这可说是战国时期以孔子学说为本，衍生《易》思想的言论集。把二元对立统一的形而上思想，通过乾坤、刚柔、阴阳等概念，发展成宇宙观、世界观、人生观。《易·系辞传》下篇有云："阳卦多阴，阴卦多阳，其故何也？阳卦奇，阴卦偶。"就把阳阴与奇偶关联了起来。根据俞晓群的见解："《易传》中除阴阳之外，还给出了大量的二元配列，尤其是其中有一个特点，使阴阳学说发生了质的变化，这就是将数字的奇偶性列入阴阳配列，它是阴阳学说抽象化的起点，这也正是老子哲学与孔子哲学的相通点之一。"[1]

《易·系辞传》在《易传》十篇中只占据两篇，除了前面引文，并不再有论及奇偶的地方，倒是在下篇中说道："天一地二，天三地四，天五地六，天七地八，天九地十。天数五，地数五，五位相得而各有合。"把一到十的正整数分为天地两类，单数属天，双数属地。从一到十这十个数字，在《易》的思想体系里，各有各的种种说法。然而就文本上看来，奇偶之分的关注点就在这十个数字，没有明显扩张成所有正整数的分类。当然"偶"已经比原始的"耦"意义有所扩张，从而不再只算是"耦"的俗字了。另外值得一提的是，后世大量有关《易》的著作

1 古数钩沉，北京：北京师范大学出版社，1993：146.

中，"阴阳奇偶"经常并列出现，但是它们的语境脉络是在象数、术数的传统中，而非涉及数学的概念。

那么在中国传统的数学书中，奇偶又是如何出现的呢？主要记载汉代数学成就的《周髀算经》没出现"偶"字，"奇"字出现一次，用在"有奇"一词，这里"奇"的意思是零头，而不是非偶的意思。总结自先秦以来中国古代数学成绩的《九章算术》既没有用到"偶"，也没有用到"奇"。大约成书于南北朝的《孙子算经》中有四次用"奇"表示余数，仅在全书末推算妇女生产结果时说："奇则为男，耦则为女。"明显承继《易·系辞传》传统，把"阳、奇、男"归为一类，"阴、偶、女"归为另一类。《孙子算经》讨论了度量衡单位和筹算的方法，并详述乘除法如何操作。应该算是比较重视处理数字计算的经典，但是对于奇偶这种涉及数的本质的问题，并未显示任何关注。这种现象并不令人感觉意外，因为中国古代数学书籍以实用为目的，用心自然不在探讨数字本质。

约成书于南北朝（466—485）的《张丘建算经》序言里说道："凡约法，高者下之，耦者半之，奇者商之。"这种讲法已经隐含作者知道数（当然是指正整数）可分为奇偶两类，至于如何分辨奇偶应不言而喻。现下流通的《夏侯阳算经》约成书于唐代宗（762—779），在《明乘除法》一章中的"高者下之，可约者约之，耦则半之"是沿袭了《张丘建算经》的说法。以上就是搜罗汉、唐古典数学成果的《算经十书》中涉及奇偶的地方，其实非常稀少，也可说奇偶概念在数学脉络里没什么重要性。

宋元时期是中国传统数学发展的高峰期，而南宋秦九韶（1208—1268/1261）的《数书九章》是代表性的著作，有人说其能与《九章算术》相媲美。该书起首阐述了大衍求一术，也就是一次同余方程组的解法，后来被西方称为中国剩余定理的源头。作者在解释算法时曾说："元数者，先以两两连环求等，约奇弗约偶。"后续也多处提及奇偶，应该反映至迟到宋朝，善算者熟于运用数分奇偶的性质。

明朝程大位（1533—1606）在 1592 年出版的《算法统宗》是一部流通甚广的数学书，特别是因详备的珠算知识而为后世称道，传入日本后更促成了和算的建立。该书第一卷有《用字凡例》一节，列出 73 项书中主要概念名词，虽说尚未达到精准定义的程度，但已经是难能可贵的做法了。不过其中并不包括奇偶二字，再次可见在中国传统数学里，奇偶性没有成为关注焦点。附带一提，不仅奇偶性不受注意，白话所用"单"与"双"也难得一见。

明末清初欧洲传教士给中国带来了西方数学知识，康熙敕编的《数理精蕴》（1713—1722）是融中西数学于一体的数学百科全书，对于清朝的数学发展影响深远。《数理精蕴》第五卷是《算法原本》，所根据的是欧几里得《几何原本》第七卷的数论结果，但为符合实用目的而有所删减。《算法原本》第二节开始便说："数之目虽广，总不出奇偶二端。何谓偶，两整数平分数是也。何谓奇，不能两整平分数是也。如二、四、六、八、十之类，平分之，俱为整数，斯谓之偶数矣。三、五、七、九、十一之类，平分之，俱不能为整数，斯谓之奇数矣。"这种把奇偶明白定义的呈现方式，是先前中国本土数学书没有意识到的地方。另外值得注意的是，在这段文辞上方，配有显示奇偶的图片。每个数字表以两列小圆点，两列同长者为偶，相差一圆点者为奇。请注意图片里偶数的行列既没有0，奇数的行列也没有1。

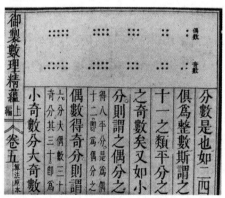

任继愈主编．中国科学技术典籍通汇·数学卷，第三分册，郑州：河南教育出版社，1993：142

⑥ 如果 0 不算偶数，1 也曾经不是奇数

1607 年，由利玛窦（Matteo Ricci，1552—1610）、徐光启（1562—1633）翻译流通的《几何原本》只包含欧几里得《几何原本》前六卷，《算法原本》所依据的是传教士为康熙学习而编译的第七卷稿本。清末 1857 年，李善兰（1811—1882）与英国人伟烈亚力才译刊了《几何原本》后九卷。第七卷之首列界说二十二则，如"第六界，偶数者可平分为二""第七界，奇数者不可平分为二"。在蓝纪正、朱恩宽首次白话全译的《几何原本》（1990 年陕西科技出版社，1992 年台北九章出版社），这两则定义分别翻译为："6. 偶数是能被分为相等两部分的数""7. 奇数是不能被分为相等两部分的数，或者它和一个偶数相差一个单位"。奇数的定义比李善兰与伟烈亚力的译文多了后半句，这后半句其实很重要，因为它涉及"单位"这个词。再看旧译与新译两则定义的对照：

旧译：
"第一界，一者天地万物无不出乎一。"
"第二界，数者以众一合之而成。"
新译：
"1. 一个单位是凭借它每一个存在的事物都叫作一。"
"2. 一个数是由许多单位合成的。"

再拿希斯爵士（Sir Thomas Heath, 1861—1940）的权威英译来作对比：

    "1. An unit is that by virtue of which each of the things that exist is called one."

    "2. A number is a multitude composed of units." [1]

所以古代希腊人认为 1 是"单位"，并不算作"数"。

奇偶在英文里对应的字是 odd 与 even。根据施瓦兹曼（Steven Schwartzman）的书《数学用词》（*The Words of Mathematics*）[2]，odd 源自北欧古语 oddi，意指不匀称的事物，像是三角形之异于直线段，就是因为有第三点凸出去。以此引申，形容不守常规、奇怪、不寻常的人为 odd。把一对对袜子配成双，如果还剩下一只，就叫作 odd sock。古代希腊人既然不把 1 当作数，他们认为第一个 odd 数是 3 也就不奇怪了，比表示一双的 2 多出 1。另外与中国人类似，他们也认为 odd 数属男性，even 数属女性。施瓦兹曼对于 even 的说法是，它属于英格兰本土语，意指"平整，无变异"。Even 数可以平整分为两层，而 odd 数无法办到。

由美国佛罗里达退休中学教师米勒（Jeff Miller）维

1   *The Thirteen Books of Euclid's Elements.* Vol. II. New York: Dover, 1956: 277.

2   *The Words of Mathematics: An Etymological Dictionary of Mathematical Terms in English.* Washington, DC: Mathematical Association of America, 1994.

护的网站"Earliest Known Uses of Some of the Words of Mathematics" 对于 odd 与 even 的渊源另有补充，他说毕达哥拉斯学派已知奇偶之分，并且以 gnomon 称呼奇数。Gnomon 指"晷表"，是日晷上测量日影的标杆。在西方 gnomon 一般指像 L 的形状，也就是堆叠平整之后又多出一块的形状。《数理精蕴》第五卷《算法原本》的图像，正是表示此一含义。大约 15 世纪之后，英文里的 odd 与 even 才融入了数分奇偶的意义。

至此，关于奇偶名称的演化已经梳理完毕。读者还记不记得陈志金医师脸书文中提道："还让至少 230 万人知道'零'是偶数！（230 万没有少一个 0 喔！想想看为什么？这又是一个启发的问题。）"他的意思是什么啊？很可能陈医师是这么想的，台湾地区人口约 2300 万，身份证末码用了 0 到 9 共 10 个数字，所以平均来算末码是 0 的人约 230 万，这些人搞清楚了该星期几去买口罩了。其实这个推算是有问题的，因为避讳 4 与"死"发音接近，1999 年已经宣布身份证末码不再配发 4 号。这项改变产生了一项有意思的结果：新北市永和区的永和中学与福和中学相隔一条街，学区内学生按照身份证末码分配入学，奇数进永和中学，偶数进福和中学。但是因为末码 4 不见了，造成福和中学的新生数锐减。

崔锡鼎比欧拉更早造出欧拉方阵

　　"数独"（Sudoku）是近年非常流行的益智游戏，它其实是一种特殊的9阶拉丁方阵（Latin square）。一般而言，如果能用数字$1,2,3,\cdots,n$填写进一个$n\times n$（也就是有n行与n列）的方阵，使得在每一横行、每一直列里，每个数字都恰好出现一次，那么所构成的方阵就称为n阶拉丁方阵。每个9阶拉丁方阵可以划分成9个3×3的小方阵，如果每个小方阵里，1到9每个数字又恰好出现一次，就成为一个"数独"方阵。

　　欧拉（Leonhard Euler, 1707—1783）是历史上第一位系统讨论拉丁方阵的数学家，他研究拉丁方阵的目的是造幻方（也称为魔方阵）。所谓幻方是在$n\times n$的方阵里填入$1,2,3,\cdots,n^2$，使得每个数字恰好出现一次，而且每一横行、每一直列以及两条主对角线数字的和都等于定数，这个定

数不难算出等于 $n(n^2+1)/2$。欧拉在1776年的一篇论文中，考虑把两个拉丁方阵并入一个方阵，它的每一个位置可看作放了数对 (p,q)，其中 p 来自第一个方阵，q 来自第二个方阵。如果这 n^2 组数对都不重复，则称原来两个拉丁方阵彼此正交，合并的方阵后人称为欧拉方阵。如果把欧拉方阵里的每对数字换成 $n(p-1)+q$（称为标准变换），则产生只出现 $1,2,3,\cdots,n^2$ 这些数字的方阵，同时每一横行、每一直列的总和都等于定数 $n(n^2+1)/2$。如果两条对角线数字的和，也恰好等于 $n(n^2+1)/2$，那么就造出了一个幻方。欧拉使用下面两个拉丁方阵：

$$\begin{pmatrix} 3 & 4 & 5 & 1 & 2 \\ 2 & 3 & 4 & 5 & 1 \\ 1 & 2 & 3 & 4 & 5 \\ 5 & 1 & 2 & 3 & 4 \\ 4 & 5 & 1 & 2 & 3 \end{pmatrix} \qquad \begin{pmatrix} 4 & 5 & 1 & 2 & 3 \\ 5 & 1 & 2 & 3 & 4 \\ 1 & 2 & 3 & 4 & 5 \\ 2 & 3 & 4 & 5 & 1 \\ 3 & 4 & 5 & 1 & 2 \end{pmatrix}$$

迭合成下面这个欧拉方阵：

$$\begin{pmatrix} 34 & 45 & 51 & 12 & 23 \\ 25 & 31 & 42 & 53 & 14 \\ 11 & 22 & 33 & 44 & 55 \\ 52 & 13 & 24 & 35 & 41 \\ 43 & 54 & 15 & 21 & 32 \end{pmatrix}$$

针对这个方阵做标准变换之后，刚好得到下面的幻方：

14	20	21	2	8
10	11	17	23	4
1	7	13	19	25
22	3	9	15	16
18	24	5	6	12

　　通常认为欧拉是正交拉丁方阵的发明人，但是近年韩国有人指出比欧拉早60年左右，朝鲜的崔锡鼎就发明了9阶的正交拉丁方阵。崔锡鼎（Choi Seok-jeong，1646—1715），字汝和，号明谷，谥号文贞。一生"十入黄阁，八拜领相"，是一位著名的政治家。根据《李朝实录·肃宗实录》记载："清明恺悌，敏悟绝人。幼从南九万、朴世采学，刃解冰释，十二已通《易》，手画为图，世称神童。九经、百家，靡不通涉，如诵己言。既贵且老，犹诵读不辍，经术、文章、言论、风猷，为一代名流之宗，以至算数、字学，隐曲微密，皆不劳而得妙解，颇以经纶自期。"其中提到的南九万与朴世采分别是朝鲜王朝肃宗年间的文臣与儒学家。崔锡鼎著有《经世正韵图说》《明谷集》，编有《左氏辑选》。大约在

1688年至1715年之间他写成数学书《九数略》，共分四篇。甲篇内容包括：数原、数名、数位、数象、数器、数法。乙篇内容包括：统论四象、四象正数八法、四象变数四法。丙篇内容包括：四象变数四法、九章名义、九章分配四象、四象分配九章、古今算学。丁篇（附录）内容包括：文算、珠算、筹算、河洛变量。

崔锡鼎

对于《九数略》有以下的评价：

《九数略》是一本具有鲜明思想特点的数学著作，书中内容反映出作者崔锡鼎所掌握的数学知识相当丰富，对数学认识水平相当高，可以不夸张地说，和同时代的中国数学家水平不相上下，若是在中国，他也无疑是一位重要数学家。[1]（郭世荣）

《九数略》就数学内容来说，除了其构造的几个魔方阵之外，并没有超越作者所处的时代。《九数略》的典型意义在于它代表了"儒家明算者"对数学的认识和理解。

崔氏的魔方阵研究跟中国、日本的游戏性研究不同，他研究河洛变量的目的主要在于借数的神秘性得到宇宙调和的法则，体现了象数神秘主义思想，这在某种程度上被认为阻碍了数学的发展。[2]（孙成功）

《九数略》丁篇的《河洛变量》内容显然受到1275年南宋杨辉《续古摘奇算法》卷上《纵横图》一节的影响。除了杨辉的"聚六图"，崔锡鼎引录了《纵横图》全部内容，还补充了他自己新创的一些图。

下图是用阿拉伯数字重绘《河洛变量》里的《九九母数变宫阳图》，这是一幅内容特别丰富的创作。光看十位数或光看个位数，分别构成两个拉丁方阵L与R，而此图可看成是彼此正交的L与R合成的欧拉方阵。

1　郭世荣. 中国数学典籍在朝鲜半岛的流传与影响. 济南：山东教育出版社，2009：35.

2　孙成功. 朝鲜数学的儒学化倾向——《九数略》研究. 硕士学位论文，天津师范大学数学系，2003：28.

51	63	42	87	99	78	24	36	15
43	52	61	79	88	97	16	25	34
62	41	53	98	77	89	35	14	26
27	39	18	54	66	45	81	93	72
19	28	37	46	55	64	73	82	91
38	17	29	65	44	56	92	71	83
84	96	75	21	33	12	57	69	48
76	85	94	13	22	31	49	58	67
95	74	86	32	11	23	68	47	59

按照标准变换得到的幻方如下：

37	48	29	70	81	62	13	24	5
30	38	46	63	71	79	6	14	22
47	28	39	80	61	72	23	4	15
16	27	8	40	51	32	64	75	56
9	17	25	33	41	49	57	65	73
26	7	18	50	31	42	74	55	66
67	78	59	10	21	2	43	54	35
60	68	76	3	11	19	36	44	52
77	58	60	20	1	12	53	34	45

　　崔锡鼎的方阵还有突出的对称性：首先，L与R彼此为镜像。其次，如果从正中剖开方阵，左（灰底部分）右（白底部分）互为镜像，而且每一部分可看成是9阶的拉丁方阵。L与R的中心数字都是5，而任何两个以5为中心对称的数字加起来都等于10，从而附图中以55为对称中心的任两个数

之和恰为110。另外，附图从核心55向外有4组方形框，把每一个框对顶角的数字互换，上下和左右两组平行边框中点的数字互换，变换结果仍然是欧拉方阵。

说起世界上最古老有记载的幻方，应是我国一世纪后半叶成书的《大戴礼记》，在《明堂》篇有谓"二九四，七五三，六一八"，就是依序排列的一个3阶幻方的三行数字，因此而有"九宫算"的称呼。6世纪后，北周数学家甄鸾注《数术记遗》"九宫算五行参数犹如循环"一段文字时，明言："九宫者，二四为肩，六八为足，左三右七，戴九履一，五居中央。"可确定是该幻方。杨辉在《纵横图》一节说明洛书的做法是："九子斜排，上下对易，左右相更，四维挺出。"杨辉还造了一些其他的方阵，以及虽非方形但仍有定和现象的他类图形，所以纵横图这个称呼所涵盖的东西，比幻方更为广泛。后世如明朝程大位、王文素，清朝方中通、张潮、保其寿都制作过各种纵横图，但均未见拉丁方阵的端倪。

其实崔锡鼎建构那些方阵的思想仍然不脱离洛书的传统。如果在九宫格中，把数字1到9按由上到下、从右至左的顺序填写进去，然后把数字排成洛书，这样便导入数字的一个重新排列的顺序，姑且称为"洛书顺序"，如下图所示：

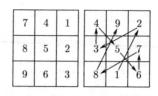

现在把数字 1 到 81 按由上到下、从右至左的顺序填写进九宫格，使得每一个宫格中都是一个 3×3 的方阵，然后把九宫格依照洛书顺序重排如下（只显示部分）：

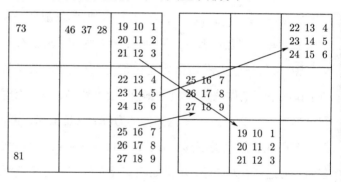

最后每宫中九数按洛书顺序安排，就会得到崔锡鼎《九九母数变宫阳图》经过标准变换后的幻方。

　　崔锡鼎的方阵确实有青出于蓝而胜过中国先贤之处，但是在洛书的传统之下，他不可能对于拉丁方阵这种构形有独立的认识。虽然他比欧拉早造出欧拉方阵，但是缺乏对于拉丁方阵性质的系统深入讨论，欧拉方阵终究还是很公道地以欧拉命名！

好难驯服的
无穷小

一、无穷的困惑

包括埃及、巴比伦、印度、中国等远古高度发达的文明，都对数学有相当重要的贡献。不过他们所理解的数学性质，是与实际物体紧密结合的。例如，对于埃及人而言，直线就是拉紧了的绳索，矩形就是田地的边缘。要到古希腊时代，数学才逐渐脱离实体的世界，变成认知的抽象概念。传说毕达哥拉斯领导的学派认为宇宙万物的根源在于"数"。古希腊人的"数"，只包含1,2,3, … 这些现在所谓的正整数，而两个数的"比"（ratio）只代表它们之间的一种关系，概念上并不等同于现代所谓的有理数。

根据毕氏学派的哲学信念，如果给定两条直线段，就应该能找到第三条足够短的直线段，使得给定的两条线段都是第三条线段的整倍数，希腊人会说两条线段是可公度的（commensurable）。然而如何去找出作为单位的第三条线段呢？假设已知线段是 L 与 M，而且 L 比 M 长。那么就用 M 去等分 L，如果能等分，M 就是单位线段，如果不能等分，则剩下的部分 N 会比 M 更短。现在把 M 当作原来的 L，把 N 当作原来的 M，然后用 N 去等分 M。如此反复进行等分，如果最终没有剩余时，就找到了可用来公度 L 与 M 的单位线段了。

这套称为"辗转相减"（anthyphairesis）的求公共单位方法的构想很妙，但是传说在公元前5世纪，毕氏学派惊觉并非所有的量彼此都可公度。例如，把图1正五边形的边 AD 当作 M，对角线 AB 当作 L，我们可看出 $AB\text{-}AD = AB\text{-}AE = BE$，然后 $AD\text{-}BE = AE\text{-}AF = EF$，再一步 $BE\text{-}EF = EG\text{-}EF$。问题转变成寻找内部倒过来正五边形的边与对角线的公度单位。很显然这种步骤可以一直重复，不断地向内施展到逐步缩小的正五边形，如此无穷无尽永远也找不到可用来公度的单位线段了。不可公度量的发现不仅彻底打击了毕氏学派的信条，也使古希腊人警觉到无穷带来的巨大困惑。

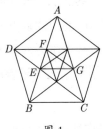

图 1

　　不可公度量的发现，同时引起了空间到底能不能无穷分割的问题。如果分割只能进行有限次，则空间就有最小的单元。那么空间由一个个非常渺小的单元累积起来，便是一种离散的结构。如果分割可以永远进行下去达不到最小单位，空间就成为一种连续的结构。师承毕氏学派的芝诺（Zeno，约公元前495—前430）提出了像"阿基利斯与乌龟赛跑"及"飞矢不动"等著名的悖论，使得有限分割与无穷分割两种主张，都面对难以消解的矛盾。古代原子论的创始者德谟克利特发现圆锥的体积是同底同高圆柱体积的三分之一。他想象圆锥是由不可再分割的无穷薄圆盘堆叠而成的，然而令他困扰的是，若各层圆盘都相等则得到了圆柱，但若各层圆盘不相等则圆锥表面就不可能光滑。德谟克利特虽然得到了圆锥与圆柱体积的正确比例，但是无穷小带来的逻辑困惑，使得结果的正确性无法得到严格证明。欧几里得（Euclid，约活跃于公元前300年）的巨著《几何原本》第12卷命题10，使用欧多克索斯（Eudoxus，约公元前408—前355）发展的不可公度量相比理论以及穷竭法（method of exhaustion），才令人满意地证明了德谟克利特的结果。

"穷竭法"这个名称其实是比利时耶稣会传教士圣文森（Grégoire de Saint-Vincent，1584—1667）于1647年所引进的，欧几里得《几何原本》里并没有用无穷多个图形去填满而"穷竭"另一图形的说法。所以圣文森的命名，虽然有强烈的暗示作用，但也有点偏离欧几里得原来的思想。例如第12卷命题2的叙述是："圆与圆之比如同直径上正方形之比。"证明使用了两次反证法（reductio ad absurdum），使得无论假设两圆的比小于或大于两正方形的比都会导出矛盾，从而得到必须相等的结论。在导出矛盾的过程中，会用边数足够多的正多边形去内接于圆里，使得圆面积与内接多边形面积相差小过预先给定的量，却没有说因内接正多边形无穷接近圆以至于最后等同于圆。

这种心思巧妙却十分繁复的穷竭法证明，其实是一种有限的过程。如果说隐约可见无穷的身影，它也是以一种潜在的姿态存在的。所谓"潜无穷"的概念可以这么理解：譬如，你志在必得某项拍卖品，因此凡是有人出价时，你就比他多加100块钱，直到无人喊价为止。虽然在任何时刻你都只用到有限数额的钱，然而你的财富潜力必须毫无止境，才能让你如此地跟人拼。另外，作为与"潜无穷"对比的概念，是所谓的"实无穷"。例如想象1，2，3，… 这一系列数的总体也有个"数目"，不过它却大于任何的正整数，完全是另外一种类别的"数"。古希腊人因为"无穷"带来令人困惑的矛盾现象，所以在公开的数学证明里，不敢使用实无穷的概念进行计算，只利用潜无穷方式的有限程序做定性的推理。《几何原本》第12卷命题2虽然精妙，但是欧几里得在终卷也没给出圆面积的实际值。在使用穷竭法之前，对图形间的比值必须先有答案，反证法起始时才有明确的命题可以否定。希腊人又是怎么先找出正确答案的呢？

二、阿基米德的秘密

阿基米德（Archimedes，约公元前287—前212）是古希腊时代最伟大的数学家，他在一本名为《力学定理的方法》（简称为《方法》）的书里，记述了利用杠杆原理算出面积与体积的方法。他的基本思路可以用下面图2的例子来看。

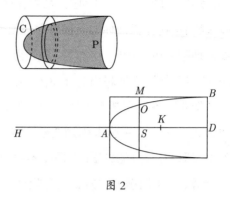

图 2

假设 P 是抛物线 $y = x^2$ 环绕对称轴旋转所得到的抛物面体，C 是与 P 同底同高的圆柱体。P 与 C 的对称轴在同一条水平线上，如图 2 上方所示，而下方是通过对称轴所作的剖面。阿基米德想证明 P 的体积是 C 的一半。令 D 为底面与对称轴的交点，可知底面是半径为 BD 的圆。从抛物面体的顶点 A 向左延伸对称轴到 H，使得 AH = AD。令 K 为圆柱体的重心，它必然是 AD 的中点。让我们随意取一个平行于底面的平面，与 AD 交于 S 点。此平面与圆柱相交截出半径为 MS 的圆，与抛物面体相交截出半径为 OS 的圆。现在把水平线当作 y 轴，HD 当作天平，而把天平支点摆在顶点 A。令通过点 A 且垂直于 HD 的直线为 x 轴，根据抛物线的方程得到

$$\frac{BD^2}{OS^2} = \frac{AD}{AS},$$

因此

$$\frac{MS^2}{OS^2} = \frac{AD}{AS},$$

所以

$$AS \cdot MS^2 = AD \cdot OS^2 = AH \cdot OS^2,$$

从而导出（下式中 π 是圆周率）：

$$AS \cdot (\pi MS^2) = AH \cdot (\pi OS^2)。$$

如果用杠杆原理解释上式，就是说：圆柱体的每一截面，与同位置抛物面体截面（将其移到使重心落在 H），两者会在天平上以 A 为支点达到平衡。

阿基米德下一步做了一个跳跃：既然这些截面在两边取得平衡，就认为两个立体也在天平上以 A 为支点达到平衡。现在抛物面体的重心在 H，圆柱面体的重心在 K，它们各自的质量都好像集中在这两点，于是根据杠杆原理，下面方程成立（当然假设两者密度相等）：

$$AH \times 抛物面体的体积 = AK \times 圆柱体的体积，$$

从而导出

$$AD \times 抛物面体的体积 = \left(\frac{AD}{2}\right) \times 圆柱体的体积，$$

结论：抛物面体的体积是圆柱体的体积的一半。

　　阿基米德的力学方法揭露了寻找答案的途径，但是过程中有逻辑上的跳跃，不符合欧几里得《几何原本》对于证明的严谨要求。阿基米德为了让其他数学家接受他的答案是正确的，在另一本小册子《论劈锥曲面体与旋转椭圆体》里，使用穷竭法与双重反证法给出了正统的证明。

　　《方法》是一本自从13世纪便失传的著作，1906年海伯格（J. L. Heiberg, 1854—1928）在君士坦丁堡发现一本基督教祈祷文的羊皮书，他用放大镜细心检视原以为刮掉的底文，居然辨识出阿基米德《方法》的大部分内容。不过装订书脊的部分压住某些底文，使得海伯格传抄出的《方法》存有空白的段落。之后，这本隐藏着唯一在世的《方法》珍本，又神秘地消失踪影，直到1998年才出现在纽约的拍卖场上。由美国学者奈兹（Reviel Netz）与诺尔（William Noel）合写的《阿基米德宝典》(*The Archimedes Codex: How a Medieval Prayer Book Is Revealing the True Genius of Antiquity's Greatest Scientist*)一书记载了《方法》失而复得，并且经过现代高科技复原的精彩历程。尤其令人瞩目的一项新发现，就是在海伯格无法完全辨识的第14题中，找到阿基米德能操作无穷小的无穷次求和，也就是他不仅没有回避，而且还会运用实无穷的证据。

三、不可分量

公元6世纪之后，希腊古典数学的辉煌光芒逐渐淡去，一般欧洲学者已经很难看到欧几里得与阿基米德的完整著作，到16世纪才重新燃起对希腊数学研究的热情。虽然穷竭法与双重反证法仍然是严格性与准确性的终极模板，但是数学家更勇于使用新的方法、发现新的结果。伽利略（Galileo Galilei, 1564—1642）的学生卡瓦列里（Bonaventura Cavalieri, 1598—1647）是17世纪初最富勇气创新的学者之一，他的《不可分量的几何学》（*Geometria Indivisibilibus*）与《六个几何问题》（*Exercitationes Geometricae Sex*），系统地推广了利用无穷小计算面积与体积的方法。现在通称的"卡瓦列里原理"断言：令两立体等高，若以与底面平行的平面截两立体，且距底面等高处两截面总保持固定之比，则两立体的体积比亦如是。[1]

因为卡瓦列里没有读过《方法》一书，他的无穷小思想并非阿基米德的嫡传。在他之前开普勒（Johannes Kepler, 1571—1630）为了检验酒桶的容量，已经把立体分割为无穷多个无穷小的部分进行计算。当时数学界的风气正如惠更斯（Christiaan Huygens, 1629—1695）所说："我们是否给

1   在中国此原理称为"祖暅原理"。

出了绝对严谨的证明，或这种证明的基础，并不是很有意思的事。……最基本也最重要的是发现的方法，学者们会很乐于知道这些方法。"卡瓦列里虽然知道用来计算体积的薄截面有无穷多个，可是他关心的是两组截面的相比关系，而且最终结论中并不会出现无穷小，因此他只把无穷小当作辅助的工具，既不认为他的"不可分量"纯粹是一种潜无穷，也不去讨论它形而上的本质。卡瓦列里对待无穷小的态度应属不可知论（agnosticism）的立场。

"因为线条没有宽度，所以数量再多的线条并排在一起，也无法构成任何微小的平面。""两个无穷之间的比例并没有意义。""不存在的事物，就是不可能存在，无法拿来互相比较。"耶稣会传教士古尔丁（Paul Guldin, 1577—1643）用来抨击卡瓦列里的这些说法，在逻辑上都是站得住脚的。古尔丁的真正动机是想拿欧几里得的数学体系来支撑基督教的神学体系，因为数学具备严密不变的逻辑架构，"其中的秩序与阶层永远不可被挑战"，所以基督教的世界亦应如是观。

四、从矛盾中胜出

今日所谓"微积分"这门学问，是"微分"与"积分"两套方法的汇流。阿基米德的力学方法与卡瓦列里的不可分量法，都是积分学的先河。而微分则发源于求曲线的切线、极大极小值或运动的速率等问题。当牛顿与莱布尼茨分别独立地发现了微积分基本定理，辨识出"微分"与"积分"其实是互逆的演算过程，统一的"微积分"才从此诞生。英格兰的数学家大力推动牛顿风格的微积分，不断谈论所谓的初级与终极的比。欧洲大陆的数学家则拼命拥护莱布尼茨的叙述方式，把无穷小当作非零的却又非任何有限值，甚至有时就是零的东西。这种思想混乱的状况，让法国数学家罗尔（Michel Rolle，1652—1719）戏说："微积分所汇集者，精心之谬论耳。"

就像17世纪基督教跳出古尔丁，为护教而抨击卡瓦列里的不可分量一样，18世纪爱尔兰教会的主教贝克莱（George Berkeley，1685—1753）害怕机械论与决定论对基督教日渐增加的威胁，在《分析学家》（*The Analyst*）一书中，发动了对微积分的强力攻击。该书冗长的副标题是"致一位不信教的数学家。其中审查现代分析的对象、原则与推断是否比之宗教的神秘与信条，构思更为清楚或推理更为明显"，从中便可看出贝克莱想为神学扳回一城的企图。贝克莱批评牛顿首先给变量一个增量，然后又让它归于零，所得的结果其实就是无意义的0/0。至于把导数$\mathrm{d}y/\mathrm{d}x$当作是y与x的消失增量之比，贝克莱嘲笑它既不是有限量也不是无穷小，却又不是虚无,因此变化率无非是"已逝量的阴魂"。

所幸18世纪的数学家并没有被神学吓倒,甚至没有为自己偶尔遭遇的矛盾刹车,他们勇敢地拓展了微积分的威力,达到了自希腊之后数学的另一段黄金岁月。这段精彩的历史,让我们深刻体会到,任何精致封闭的逻辑系统,虽然容纳了原有的数学知识,但当新的矛盾裂解了既存的体系时,数学家真正应该做的事,绝非把头埋在沙里当鸵鸟,而应全力推动体系的扩充与层次提升。几乎整个18与19世纪,实无穷意义下的无穷小始终找不到坚实的基础。微积分的严格化基本上在19世纪完成,不过数学家扬弃了把微积分建立在几何上的企图,从而推动了所谓分析学的算术化(arithmetization of analysis)。他们先建立实数体系的严密逻辑基础,再引入正确的极限理论,最终架构起微积分的大厦。有趣的是实无穷的思想不仅没有从此消亡,反而在19世纪末康托尔(Georg Cantor, 1845—1918)建立的集合论里找到了自己的天堂。无穷大并不单纯是一种数,无穷大还有各种各样的区分,复杂的程度令人目眩神迷。例如,实数的总数到底是哪一种无穷大,至今也未曾获得圆满的解答。至于无穷小还要等到20世纪60年代鲁滨孙(Abraham Robinson, 1918—1974)建立了"非标准分析学"(non-standard analysis),才不产生逻辑矛盾,扎稳了基础。

聆听行星的天籁 ⑨

一、宇宙奥秘在柏拉图的正多面体之间

1595年7月19日，开普勒在课堂上突然领悟到，如果把太阳放在等边三角形的中心，则木星与土星绕日的轨道正好对应于等边三角形的内接与外切圆。这个经验促使开普勒积极寻找行星绕日轨道的几何意义，特别是想解决为什么行星是水、金、地、火、木、土刚好6个的问题。开普勒很快就想到使用仅有的5种柏拉图正多面体：正4面体、正6面体、正8面体、正12面体、正20面体。

开普勒把6个同心球面之间套上5种柏拉图正多面体，使得每个正多面体都内切与外接于前后的球体，再用一个平面切过球心所得到的6个圆，就会对应于行星的轨道（图1）。开普勒使用他能掌握的天文数据来验证这套多面体理

论，高兴地说："在几天之内一切都搞定了，我看着一个个天体准确地摆进了它应该占据的位置。"1596年开普勒出版了《宇宙的奥秘》（*Mysterium Cosmographicum*）一书，公开阐述自己的理论。因为当时欧洲最精密的观察数据在第谷的手里，所以开普勒很希望有机会运用第谷的数据来强化自己的理论。开普勒曾在一封给他老师的信中说："我对第谷的看法如下：他是极端富有，但是跟一般有钱人一样，他不会好好运用自己的财富。因此，别人就应该试着把他的财富攫取过来。"

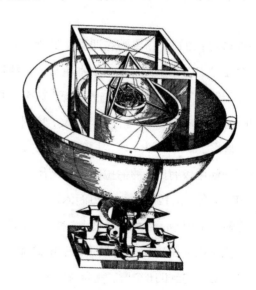

图1　开普勒《宇宙的奥秘》里所绘行星轨道与柏拉图立体

如果后来开普勒没有担任第谷的助手，并且在第谷亡故后占用了他的观察数据，或许开普勒就永远陶醉在自己美丽而不真实的多面体理论里。但是经过多年的努力之后，到1605年开普勒终于发现火星公转轨道其实是椭圆形而非圆形。当他无法在行星的远日圆、近日圆以及平均圆之间寻找出符合多面体理论的关系时，他毅然决然抛弃了自己心爱的理论。在这种判断上，开普勒展现了作为现代科学方法前行者的姿态，他没有因为形而上或神秘思想的偏爱，而漠视或扭曲经验上的证据。开普勒认识到必须从正多面体之外，寻找行星轨道的规律性。

二、从火星轨道悟出两条定律

开普勒的《宇宙的奥秘》得到了第谷的赞赏，当反宗教改革的迫害把开普勒一家于1600年从格拉茨（Graz）驱离后，第谷邀请他到布拉格一起工作。虽然开普勒在他的书中支持哥白尼的日心说，但是向他伸出援助之手的第谷却不是日心说的信徒。第谷自有一套行星轨道理论，他认为地球仍然是宇宙的中心，太阳环绕着地球运转，而其他的行星则环绕着太阳运转。

传统的地心说以托勒密的系统最具代表性，但是他的系统非常复杂，而且随着时间的推进，推算出的天象误差也愈来愈大。第谷在无法满足托勒密系统的情形下，发展出自己的地心系统。第谷遵照《圣经》的说法，让地球占据宇宙的中心，就可以避免成为宗教上的异端邪说。

如果想要比较第谷与托勒密的系统哪个更为正确的话，其实可以用火星的轨道来检验。如果第谷的系统是正确的话，则火星有时候会比太阳走得更接近地球。但是如果托勒密的系统是正确的话，则火星永远无法比太阳更接近地球。因此第谷花了很多时间观察火星的位置，留下了大量精密的数据。第谷发现开普勒正是他迫切需要的数学高手，有希望帮他从观察的数据里建立火星轨道的几何性质。开始时第谷只把火星的观察数据给开普勒分析，可是开普勒一心寄望于有机会运用第谷所有的数据，以便能进一步理解宇宙的谐和。1601年初，第谷不幸突然逝世，在他的继承人还来不及掌握他的星象观察数据之前，开普勒就捷足先登把那些重要的数据据为己有。开普勒的手段是否合乎道德与法律的规范，确实有可讨论之处。近年更有人编出一套好似侦探小说的故事，指控开普勒毒杀了第谷，主要的依据就是因为开普勒是第谷亡故后的最大受益人。但是站在科学史的立场上，开普勒的果敢行动倒是为后人造了福。

原来第谷要求开普勒计算出火星精确轨道的任务，在第谷永别之后他才得以全速执行。开普勒初步分析的结果显示火星绕日的轨道虽然非常接近圆形，但是太阳并没有坐落在圆心。另外一项明显的事实是火星的运行速度并不是常数，它在距离太阳近的时候跑得快，而在离太阳远的时候跑得慢。包括开普勒自己在内，当时人们都认为只要观测点看对了，行星的运行速度都应该是均匀的。那么观测到的火星运行速度的诡异现象到底是不是真实的？

其实在托勒密地心说的模型里，也要处理行星环绕地球时速度有变化的现象。在托勒密的系统里，每个行星绕着自己的本轮（epicycle）做圆周运动，而本轮的圆心则在一个均轮（deferent）上做圆周运动。不过均轮的圆心与地球之间有些距离，在地球与均轮圆心连线的另外一侧等距的地方，有一个想象的点叫均衡点（equant）。开普勒把这套模型搬来用到日心说上，就可以看出火星离太阳最远的地方正好是离均衡点最近的地方，反之亦然（图2）。因此从火星运转时扫出的角度来看，对太阳而言角度最小（也就是速度最慢）的地方，恰好对均衡点而言角度最大，反之亦然。于是行星环绕均衡点的角速度就是均匀的了。

第谷的星象观察数据可以精确到1′（也就是 $(1/60)°$），开普勒不管如何微调托勒密式的模型，火星轨道的误差最少也有8′（也就是 $(8/60)°$）。在第谷之前，没有人能观察出

图 2　开普勒火星绕日轨道雏形

这么微小的误差，因此也没有人怀疑过火星的轨道是圆形的结论。但是开普勒面对着第谷的精密数据，就不得不放弃托勒密式的模型而另起炉灶了。开普勒不仅发现地球绕日的轨道虽然非常接近圆，但不是完美的圆形，而且地球在轨道上也不是等速运行的。他计算出地球在距离太阳最近一点的运动速度比上最远一点的运动速度，正好等于两个距离比的倒数。开普勒在《宇宙的奥秘》一书中就曾经以形而上的理由揣测太阳具有一种运动精神（anima movens），现在数据显示离太阳愈远，太阳的推动力愈弱，离太阳愈近，太阳的推动力愈强。只是其间的关系看起来好像只是一个线性的反比关系，而开普勒原以为应该有一种平方反比的关系。因为从太阳发出的影响，平均地依循球面扩张出去，于是当距离增加时，球的表面积就应该按平方倍数增加，所以影响力便应以平方倍数的倒数降低。开普勒的这种思想其实已经为牛顿的万有引力思想开了端倪。另外值得注意的是，开普勒在天体的运行上尝试引进物理的解释，而不受限于传统天文学只在于建立正确描绘天体轨道的数学模型。因此也有人认为开普勒是最早的天文物理学家。

开普勒根据描绘地球轨道的结果，再利用第谷的丰富观察数据，就可以把火星的轨道相当精准地描绘出来。他发现那是一条卵形线，能够放在一个圆里面。如果圆的半径等于1，则卵形线的短径 CM 比圆的半径短了 0.004 29，也就是说 $AC/MC=1.004$ 29。另外他度量了火星（M）与卵形线中心（C）的连线，以及 M 与太阳（S）的连线之间的夹角，其值为 5°18′。这个角度的正割值，也就是 SM/CM 恰好等于 1.004 29（图3）。开普勒说当他发现这个事实时，"我好像从睡梦中被唤醒。"这个关键点上的顿悟，使他接着有勇气跳跃到整体的规律性。他仔细检查了所有的数据，发现相同的关系确实在轨道上的每一点都成立。这个时候笛卡儿（René Descartes，1596—1650）的解析几何还没有问世，否则开普勒应该会很快察觉在他找到的关系下，火星轨道必然是一个椭圆，而太阳坐落在椭圆的一个焦点上。总而言之，开普勒又经过一些挫败与转折，在耗费了6年光阴与上千页的计算后，终于找到了行星运转的两条定律：

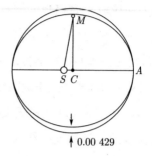

图 3　火星轨道与圆形之比（为观看方便，其间误差已被夸大）

椭圆定律：行星绕日的轨道是椭圆形的，而太阳位于椭圆的一个焦点上。

等积定律：每颗行星在绕日轨道上，于相同时间内会扫出相同的面积。

传统的西方天文学，相信天体都是完美的物体，因此它们运转的轨道一定是最完美的几何图形。从美学的观点来看，只有圆形是唯一可能的选择。这种想法根深蒂固，即便是哥白尼也没有放弃，他的《天体运行论》（*De Revolutionibus Orbium Coelestium*）第四章标题就是"天体的运动是均匀而永恒的圆周运动，或是由圆周运动复合而成的"。然而开普勒宁可牺牲形而上的主观认知，绝对忠于经验数据的做法，让他革了一次亘古未有的命，使他能超越哥白尼而彻底地建立了日心模式，也让人类对于宇宙运转的知识向前跨出极大幅度的一步。现代人已经很难体会在开普勒肩上所压的传统偏见是多么沉重，而他需要多么大的智慧与勇气才能挣脱传统思想的桎梏。开普勒虽然不讳言自己在做研究时，所依循的形而上或神秘思想的动机，但是他最后的结论却没有偏离经验的证据。这种实证精神的贯穿，应该使开普勒在科学史上的地位获得更大的肯定。

三、天籁如许和谐

在寻求天体运动的和谐性上，西方老早有人把它跟音乐拉上关系。他们认为星体依附在一个个以地球为中心的透明水晶球上，这些水晶球一层层地套在一起。在这些球之间荡漾着人耳听不见的曲调，是一种音乐宇宙（musica universalis）。

为什么星球会跟音乐发生关系呢？那就需要知道一点古希腊哲人毕达哥拉斯把音乐数学化的理论。

古代的文明处处可见播弄弦线产生乐音的踪迹。传说毕达哥拉斯发现当振动弦线按照某些特定的比例变化长短时，会发出彼此和谐的音调。最简单的譬如弦长加长一倍，则音高正好下降八度，也就是说声音的音质相同，但是弦线振动的速度只有原来的一半。弦长的比例如果是2∶3，或者是3∶4，都会产生和谐的音调。但是在毕达哥拉斯之后，希腊也有另外一派处理音乐的方式，其中以公元前4世纪的阿里斯多塞诺斯（Aristoxenus of Tarentum）为代表人物，他主张音阶上的音符应该用听觉而非数学来决定。天文学家托勒密曾经利用一弦琴来定四弦琴的八度音程，他依赖更多经验上的观察，而非理论的玄想，来大力支持毕达哥拉斯的音乐理论。

开普勒在写《宇宙的奥秘》时，也跟别人一样拥有朴素的天体音乐的思想。当1607年开普勒从冯·霍亨伯格男爵（Herwart von Hohenberg）处借得托勒密的《音乐原理》（*Harmonica*）一书后，他才发现1 500年前就有人跟他的想法十分契合。这使得他重新燃起了在天体之间寻找和谐的企图，从此走出柏拉图正多面体的局限，前往音乐里寻求更多的可能性。尤其当他发现了行星运动的头两条定律之后，可以从天体里找出的数字就更为丰富了。譬如，椭圆轨道的长轴与短轴的长度，远日点与近日点到太阳的距离，行星在特定位置的运行速度。如何在众多的数据里找出"上帝"所安排的和谐性，成为开普勒挑战的新课题。

开普勒计算了行星绕日轨道在远日点与近日点的角速度，也就是说在24小时内，从太阳看那颗行星走过的弧线是多少。譬如土星在远日点的角速度是每天106′，在近日点是每天135′，两者的比例近似于4：5，相当于一个大三度的音程。开普勒进一步发现如果考虑行星两两之间的角速度比例，甚至能产生完整音阶里的所有音程。譬如，木星的最大值与火星的最小值之比对应于小三度（5：6），而地球与金星则对应于大六度（3：5）。另外，开普勒观察到地球在远日点与近日点的角速度比是15：16，相当于一个半音，也就是说地球绕日一圈，天籁从mi到fa循环演奏。而金星的25：26则几乎是平的调子。开普勒在《世界的和谐》这本书里，讨论了各种繁复的比例所表现出行星所演奏的天上音乐。

开普勒从形而上的动机去寻求行星轨道与音乐之间的关系，但是他的判断奠基在第谷的精密观测数据上。开普勒当时还不知道的天王星、海王星与冥王星，现在已有人计算它们的角速度，结果也都对应于和谐的音程。所以天体的音乐不纯然是直觉走运寻获的巧合。当开普勒沉浸在各种天体的数据中，去寻求心目里"上帝"所赋予的音乐时，他于1618年3月8日发现了行星运动的一种新规律。刚开始他还不敢相信这种现象可以成为一条定律，一直到5月15日他才确认了行星运动的第三条定律。

和谐定律：任何两颗行星公转周期的比例，恰等于各自轨道与太阳的平均距离的3/2次幂的比例。

开普勒虽然以超乎前人的精确度，描述出了行星的轨道与运动的规律，但是他解不开行星偏离完美圆形轨道的谜题。1600年，英国物理学家吉尔伯特（William Gilbert，约1544—1603）出版了《论磁铁与磁性物体，兼论作为巨大磁铁的地球》（*De Magnete, Magneticisque Corporibus, et de Magno Magnete Tellure*），开普勒读后对于磁铁相吸相斥的作用非常感兴趣，甚至想尝试利用磁性来解释地球的轨道为何是椭圆形的。他认为：在地球环绕太阳的过程中，地球轴总是指向北极星，所以一年中有一部分时间北极比较倾向太阳，而在另外一段时间则南极比较倾向太阳。假如太阳只有一个磁极，那么一年中有时会吸引地球，有时会排斥地球，这种推拉的外在力量就会把地球的轨道从圆变成椭圆。我们现在知道开普勒这种观念实在错得离谱，可是我们不能不佩服他那活泼的创意。

开普勒在《新天文学》里说："假如在空间里放置两颗距离相近的石头，而且没有其他任何物体力量的影响，则它们会在中间点碰到一起，并且每颗石头以正比于另一颗石头质量的速度前进。"可见他已经放弃亚里士多德认为重物自动趋向世界中心的学说，而把重力当作物体间彼此的影响。从这种观点出发，开普勒正确理解到潮汐是因为月球的重力拉引。他说:"假如地球停止吸引海洋里的水,则海水会飞升奔向月球。……假如月球的吸引力能够达到地球,则地球的吸引力更会达到月球,甚至更遥远的地方。"

这些言辞里显示开普勒对重力的理解,已经远超出他同辈的科学家。可惜开普勒没能进一步认识到同样是重力,也是影响行星运转的根源。虽然开普勒好像相当接近了万有引力的发现,但是科学史上不乏类似的例子,从后见之明看来应该轻易跨出的一步,但是在旧有观念体系的束缚下,前进的步履是多么蹒跚。阻碍开普勒完成最后突破的成见,是他认为行星需要一种沿运动方向不断的推力,才能保持在轨道上持续运转。这种成见的错误,要到伽利略的《关于两种新科学的数学讨论与证明》(*Discorsi e Dimostrazioni Matematiche, Intorno á due Nuoue Scienze*) 于1638年出版后才得以矫正。如果1638年开普勒还健在的话,当他看过伽利略的巨著后,会不会有好像从睡梦中被唤醒的感觉?再次发现他所赞叹的"上帝",是多么精心地安排了宇宙万物的轨迹!

用4 523 659 424 929个符号定义1

西西弗斯（Sisyphus）是希腊神话人物，他遭受众神之王宙斯惩罚必须把巨石推上高山。但是每当他把石头推到山巅，石头却即刻滚落红尘，他只好走下山重新来过。数学家追求严谨证明的历程有起有伏，也有点像西西弗斯所承受的反复折磨。

在世界数学史里，欧几里得的《几何原本》是达到严谨证明的第一个高峰。古希腊的学者历经不可公度量的困扰，以及辩者哲学诡论的搅局，逐渐发展出逻辑推理方法，因而得以有系统地组织几何知识，在欧几里得手中完成总结的工作。这套西方学界奉为圭臬的公理化系统，影响的幅员远超出数学的范围。例如，牛顿（Isaac Newton，1643—1727）旷世巨著《自然哲学的数学原理》（*Philosophiæ Naturalis Principia Mathematica*）奠定了经典力学的基础，他所采取的表达方式，也是经过定义、定律、引理、定理的步骤，以欧几里得《几何原本》为模范。又如荷兰理性主义哲学家斯宾诺莎（Baruch de Spinoza, 1632—1677）的杰作《用几何学方法作论证的伦理学》（*Ethica Ordine Geometrico Demonstrata*，简称《伦理学》)，也是模仿《几何原本》的结构，从定义与公理出发，从而产生各种命题、证明、推论及解释。有意思的是《伦理学》的定义6居然给"上帝"也下了定义。还有像1776年美国的《独立宣言》，主张："我们认为下述真理不证自明：凡人生而平等，秉造物者之赐，拥诸无可转让之权利，包含生命权、自由权与追寻幸福之权。"所谓"不证自明"的真理，显然受到欧几里得公理"不证自明"思想的影响。

其实公理法是一种严格整理已知数学知识的方法，当有新创的数学思想产生时，有时旧瓶容不下新酒，数学便会经历通常所谓的危机时期。一般而言，西方数学史上有三次危机：第一次危机是古希腊毕达哥拉斯学派发现不可公度量的存在，动摇了该学派"万物皆为数"的信仰，因为那时的"数"就只包含今日所谓的正整数。第二次危机关系到微积分，因为使得微积分成为利器的基本思想，涉及无穷小与无穷大的概念，而这些概念长时间都无法找到不发生内在矛盾的理论体系。第三次危机是因为集合论内部产生了悖论，使得原以为可用集合论建立起整个数学大厦的美梦破灭。

当涉及数学基础的悖论纷至沓来之后，不少数学界的名家都提出了解决的办法。欧几里得的公理化还是提供了一条有希望的出路。因此数学巨擘希尔伯特率先倡议"形式主义"，认为应该把平日诉诸直觉的数学论证，更加严明地形式化。也就是在限定范围的初始符号、推论规则以及基本公理的基础上，逐步推导出数学家感兴趣的命题，并且要保证这些形式系统不会发生内在矛盾。这种数学的重建工作，在小范围的特定分支里，确实可以取得相当成果。然而1931年著名的哥德尔不完备性定理，却使整体数学形式化的美梦彻底破灭了。

其实形式化会带来一种令人不悦的后遗症，就是直觉中相当简明的事物，形式化以后反而变得烦琐冗长。这是因为数量不多的初始符号与基本公设意涵浅显，想由此衍生出其他各式各样的概念，几乎无法回避漫长的推导历程。怀特海与罗素的名著《数学原理》（*Principia Mathematica*）就是一个很突出的例子。他们师徒二人想非常细致地分析数理逻辑的概念与方法，然后使用适量的符号、规则与公理建立起逻辑体系，在其中得以表述一般数学命题。以1925年的第二版来看，第一卷主文长达674页，第二卷到第83页（图1），才证明了1+1=2。以这种龟速形式化数学，也难怪写到第三卷就难以为继了。

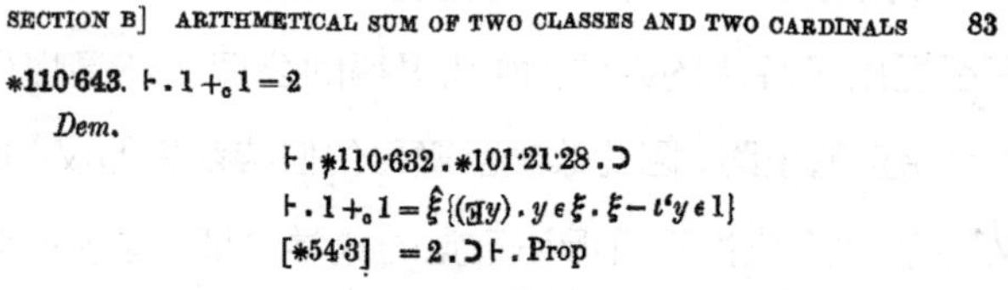
SECTION B] ARITHMETICAL SUM OF TWO CLASSES AND TWO CARDINALS 83

*110·643. $\vdash . 1 +_c 1 = 2$

Dem.

$\vdash$. *110·632 . *101·21·28 . $\supset$

$\vdash . 1 +_c 1 = \hat{\xi}\{(\exists y) . y \in \xi . \xi - \iota' y \in 1\}$

[*54·3] $= 2 . \supset \vdash$. Prop

图 1　《数学原理》里“1+1=2”的命题及其证明

因形式化过分琐碎，在适度的篇幅里除了形式化，也允许使用“缩写”。这些未能完全形式化的“缩写”，如有必要“原则上”也能够完全展开达成形式化。如此半形式化的做法，基本上保持了形式化的精神，但较为方便阅读与理解。

从半形式化到全形式化的过程中，同一个直觉数学概念，在不同的系统里有可能面貌差异甚大。曾经引领数学风潮多年的法国布尔巴基（Bourbaki）学派，计划写一套纯数学集大成著作《数学原本》（*Éléments de Mathématique*）。1954年，他们出版了第一卷《集合论》的头两章；1956年出版了第三章，打算用集合论作为讲数学的基础。布尔巴基学派选择了七个初始的基本符号：τ □ ∨ ¬ = ∈ ↄ（第7个是一个反过来的C，用以表示有序对），再经过繁复地堆叠引进其他符号与关系。于第三章第55页的脚注里，布尔巴基学派写下了定义1的式子（图2）。同时说，如果只用7个初始

⑩ 用 4 523 659 424 929 个符号定义 1

符号把1的定义完整展开, 大约需要数万个符号。

$$\tau_Z((\exists u)(\exists U)(u = (U, \{\emptyset\}, Z) \text{ et } U \subset \{\emptyset\} \times Z$$
$$\text{et } (\forall x)((x \in \{\emptyset\}) \Rightarrow (\exists y)((x, y) \in U))$$
$$\text{et } (\forall x)(\forall y)(\forall y')(((x, y) \in U \text{ et } (x, y') \in U) \Rightarrow (y = y'))$$
$$\text{et } (\forall y)((y \in Z) \Rightarrow (\exists x)((x, y) \in U)))).$$

图 2　布尔巴基学派定义 1 的式子

布尔巴基学派这个"原则上"的估计数, 实在大得吓人。有位英国逻辑学家马赛厄斯(A. R. D. Mathias)首次看到时想: "一定搞错了吧, 应该用几百个符号就够了。"于是他动手仔细计算布尔巴基学派定义展开后所用的符号总数。1999年, 马赛厄斯公布了他最终计算的结果, 完全展开布尔巴基系统里的1, 总共要使用初始符号 4 523 659 424 929次。这还不包括辅助阅读的 1 179 618 517 981 个链接性符号。另外, 如果不把那个反过来的 C 当作初始符号, 而用定义方式引进有序对 (x, y), 则展开定义1的式子会用到 2 409 875 496 393 137 472 149 767 527 877 436 912 979 508 338 752 092 897 个初始符号以及 871 880 233 733 949 069 946 182 804 910 912 227 472 430 953 034 182 177 个链接性符号。美国逻辑学家索罗维(Robert Solovay,

1938— ）在布尔巴基系统里找到了一个相对来说非常短的表示1的式子：$\tau z(\exists x(x \in Z \text{ et } \forall y(y \in Z \Rightarrow y = x)))$，展开来要用到176个初始符号与56个链接性符号。可见当年布尔巴基学派并没有尽心尽力化简系统。

布尔巴基学派所以会采纳这套繁复的集合论系统，有一定的时代背景，今日当然可用更简便的系统来讲集合论。马赛厄斯特别指出，布尔巴基学派拿来当作自己体系的集合论，是在哥德尔之前的不够完善的公理化集合论。其实布尔巴基学派在《数学原本》后续诸卷中都回避直接使用自己的系统，并且在不同场合中流露出贬抑逻辑的态度。因为布尔巴基学派对法国数学界产生了巨大影响，他们的偏见也间接阻碍了数理逻辑在法国的发展。

时至今日，形式化的数学也许让人难以消化，但是想要教会计算机推导数学真理，就没办法依赖还未实现的计算机"直觉"了。处理天文数字长度的符号，原是计算机的看家本领。因此形式化便成为超出数值计算与数据处理，让计算机进入数学推理的重要手段。

《战争与和平》
与微积分

少年时曾经看过好莱坞拍摄的电影《战争与和平》，当时观赏焦点几乎都集中在女主角奥黛丽·赫本（Audrey Hepburn, 1929—1993）身上，因为我是她的铁粉。1972年暑假，美国ABC广播电视公司放映苏联制作的《战争与和平》，我当时正在杜克大学读研究生，连续在电视机前看了好几个晚上。这个超长苏联版本更贴近托尔斯泰（Lev Tolstoy, 1828—1910）原著的风貌，尤其扮演皮埃尔（Pierre Bezukhov）的男主角让我印象深刻，有些镜头过了近50年还能记忆犹新。就是因为观赏这部电影而激起了我阅读原著的兴致，当然俄文小说是看不懂了，只好退而求其次看英文译本。其实当年念高中时我从图书馆借阅过不少世界名著，可是《战争与和平》实在部头太大而不愿触碰。我花了不少时间啃完英文翻译，光那些人名就搞得头昏脑涨。不过故事真的好看，特别是有电影的图像辅佐，便感觉故事更有立体感。托尔斯泰在书中不时跳出故事，以作者身份发表高论。碰到那种段落我大概直接跳了过去，因为事后回想都没什么印象。

2001年，荷兰数学与计算机科学家威塔尼（Paul M. B. Vitányi, 1944—　）在公布论文的平台arXiv上贴出一篇文章，题目是《〈战争与和平〉里托尔斯泰的数学》（*Tolstoy's Mathematics in "War and Peace"*），这篇文章最终在2013年发表于普及数学文化的杂志《数学信使》。[1]威塔尼的文章让我惊觉到《战争与和平》里居然有与数学相关的内容，促使我重新翻阅当年跳过去的篇章，也吸引我留意文献中讨论同一主题的著作。

其实有一篇非常有名的长文讨论托尔斯泰在《战争与和平》里表达的历史观，那就是1953年政治哲学家柏林（Isaiah Berlin, 1909—1997）的《刺猬与狐狸》（*The Hedgehog and the Fox*）。他在文中把作家与思想家分成两类：一类专注用单一的理念看世界，称之为刺猬；另一类旁征博引拒绝把世界单纯化到一个核心理念，称之为狐狸。在柏林的评价里，托尔斯泰天生具有狐狸的资质，但是成为刺猬却是他的信念。利用这样的二分架构，柏林分析了《战争与和平》展现的历史观。

1　*The Mathematical Intelligencer.* Vol.35. No.1. Berlin: Spring, 2013: 71-75.

托尔斯泰使用微积分概念议论历史的主要段落，出现在《战争与和平》第三卷第三部第一节。[1]他说："人类的聪明才智不理解运动的绝对连续性。人类只有在他从某种运动中任意抽出若干单位来进行考察时，才逐渐理解。但是，正由于把连续的运动任意分成不连续的单位，从而产生了人类大部分的错误。"接着他以希腊神话人物阿基利斯与乌龟赛跑的悖论为例，说明把连续不断的运动，分割成有限段落来观察，所导出英雄阿基利斯居然永远追不上乌龟的荒谬结论。克服这种悖论的方法必须是把观察连续运动的时间段落不断细分下去，也就是趋向无穷小的时段，然后再把运动的状态总和起来，从而得到对连续运动的正确认识。

　　托尔斯泰在这里使用的是莱布尼茨以"无穷小"概念建立起的微积分。《战争与和平》的写作年代是1863至1869之间，显然托尔斯泰并不清楚在夯实微积分基础方面，柯西（Augustin-Louis Cauchy, 1789—1857）与魏尔斯特拉斯（Karl Weierstrass, 1815—1897）所做的革新，他们以ε与δ的语言取代了"无穷小"这种逻辑上有瑕疵的说法，为微积分建立了严谨的理论体系。"无穷小"再次复活要到20世纪60年代鲁滨孙（Abraham Robinson, 1918—1974）发展出非标准分析学（non-standard analysis），在此体系中能够赋予"无穷小"不产生逻辑矛盾的解释。不过托尔

1　本文引用《战争与和平》的段落，均来自刘辽逸译本，北京：人民文学出版社，1989.

斯泰使用微积分解剖对于历史的认识时，是一种隐喻式（metaphorical）的应用，只要对"无穷小"掌握直觉的图像就好，并不在乎"无穷小"的精准定义是什么。其实在托尔斯泰生存的时代，一般文人对于微积分的理解，应该都远低于托尔斯泰的水平。而他还能从微积分得到灵感，用来分析历史的规律，真的是非常突出的表现。

托尔斯泰认为利用"无穷小"理解连续运动的路径，"在探讨历史的运动规律时，情况完全一样。"因为"由无数人类的肆意行为组成的人类运动，是连续不断的"。接着他述说了一段很重要的对于历史的宏观见解："了解这一运动的规律，是史学的目的。但是，为了了解不断运动着的人们肆意行动的总和的规律，人类的智力把连续的运动任意分成若干单位。史学的第一个方法，就是任意拈来几个连续的事件，孤立地考察其中某一个事件，其实，任何一个事件都没有也不可能有开头，因为一个事件永远是另一个事件的延续。第二种方法是把一个人、国王或统帅的行动作为人们肆意行动的总和加以考察，其实，人们肆意行动的总和永远不能用一个历史人物的活动来表达。"

《战争与和平》中很重要的篇幅是以1812年拿破仑东征俄国为背景的，在第四卷第二部第七节中托尔斯泰说："如果我们在史学家的著述中，特别是在法国史学家的著述中，发现他们所说的战争和战斗都是按照事先制定的计划进行的，那么，我们从其中只能得出一个结论，那就是说，这些论述是不真实的。"也就是说托尔斯泰完全反对个人英雄主义式的历史书写，同时否定以拿破仑的活动代表所有人的肆意行为。托尔斯泰主张任何历史单位都是可以任意分割的。在第三卷第三部第一节中，他提出了一项相当惊人的建议："只有采取无限小的观察单位——历史的微分，也就是人的共同倾向，并且运用积分的方法（就是得出这些无限小的总和），我们才有希望了解历史的规律。"这里包含了三个关键性的概念：历史的微分、历史的积分、历史的规律。

历史是由人所创造的，人却是一个个的单一个体，不可能无穷分割。然而人的思维与活动，却依随时间绵延不断地连续变化，所以有可能考虑无穷分割，从而使得微分的概念有机会产生作用。问题是这种微分该如何进行呢？又如何把"历史的微分"再加以积分呢？如此而来的历史微积分与数学的微积分异同何在？这些问题托尔斯泰不仅在《战争与和平》里没有回答，就是在其他著作或通信里也从未给出细节。

如果想把数学里的微分与积分运算，用一种复制的方式在历史里找出对应的操作，恐怕不是托尔斯泰或者任何人有能力完成的任务。因为托尔斯泰使用的是隐喻式语词，不宜冀望在数学领域与文学领域之间存在精确的转译。然而隐喻仍然能够提供想象的框架，以及铺陈思维的蓝图。下图勾勒出托尔斯泰想法的架构。左列由下而上表示无穷小的运动经过积分达成连续的运动，这里面的操作都可以得到严谨的数学处理。右列由下而上表示托尔斯泰的"历史的微分"，经过"历史的积分"获得"历史的规律"。图中使用符号 ~ 表示一组对应关系，我们称之为"隐喻同态"（metaphorical homomorphism）。

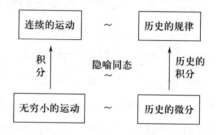

"同态"是数学里相当常见的基本概念，也就是在两种结构 A 与 B 之间的一种映射，使得 A 中的运算结果可以通过映射摹写到 B 中。所以表面看起来 A 与 B 是不同性质对象的结构，它们的大小也可能颇有出入，但是经由同态映射的联系，它们的运算结构其实是相同的。为什么要多加一个"隐喻"来描述"同态"呢？那是因为图中右列所涉及的概

念，还没有精确清晰的定义，因此左右两列的对应只是一种比喻，给我们一种形象上的暗示。当然我们也不排除这些笼统的概念，也许有朝一日得到令人满意的严格描述。

托尔斯泰在《战争与和平》尾声第二部第十一节中说："假如历史的研究对象是各民族和全人类的运动，而不是叙述个人生活中的插曲，那么，它也应抛开原因的概念来寻求那些为一切相等的、不断互相联系的、无穷小的自由意志的因素所共同具有的法则。"可见托尔斯泰引用微积分方法的目的，是在寻求历史的法则（或说规律）。历史可不可能有法则？法则的形式会是什么样子？这些涉及历史哲学的问题，已经超越"隐喻同态"的范围，应该留给专家来为我们解惑了。但是不由得让人想起罗贯中在《三国演义》开头说的话："话说天下大势，分久必合，合久必分。"说不准就是一条历史的法则了。

《战争与和平》里涉及历史观与微积分的段落，所占篇幅不算太多，应该很适合在讨论数学文化的场合当作主题。美国麦克莱斯特（Macalester）学院的教授阿希尔恩（Stephen Ahearn）刊登在《美国数学月刊》的文章《托尔斯泰在〈战争与和平〉里的积分隐喻》（*Tolstoy's integration metaphor from war and peace*），[1] 报道了他在这方面的经验。当他教完学生积分之后，便引入托尔斯泰的文章作为阅读材料，并且

1 The American Mathematical Monthly. Vol. 112.
No.7. 2005: 631–638.

要求学生写一篇心得报告,评论托尔斯泰的积分隐喻是否成功。为了引导学生的思路,他还提出了下列参考问题:

- 托尔斯泰的变量是什么?
- 托尔斯泰为什么指出人类的活动是连续的?
- 在托尔斯泰的隐喻里是谁对应到黎曼和?
- 在定积分的定义里,是什么部分对应于"取观察的无穷小单位"?
- 托尔斯泰的隐喻奏效吗?还是一种无用的隐喻?
- 你对这种用数学阐述历史观念的方法有何感想?

教授发下这种非比寻常的数学课作业,首先令学生大吃一惊。但是他们都欣然接受了这番挑战,而最后都认为经过学习微积分,他们才开始体会出托尔斯泰到底在讲什么。

　　数学文化的一个方面,是与文学的互动。《战争与和平》里的数学元素是一种代表性的类型,然而还有其他的各种可能性。美国查尔斯顿(Charleston)学院的教授开斯曼(Alex Kasman)建立的一个网站叫作数学虚构(Mathematical Fiction),搜罗了超过一千件关于数学与数学家的长短篇小说、戏剧、电影,甚至漫画的资料。想探索数学文化的文学方面,这是一座值得挖掘的宝库。

数学家谱

　　孔斯（Harry Coonce, 1939——　　）曾经是美国明尼苏达州州立曼卡托（Mankato）大学数学系的教授，有一次研读他的博士指导教授的学位论文时，因为上面没有任何签名，让他感觉好奇指导教授的博士指导教授是谁？但是那时没有现成可查的索引，就使他生起一个念头，应该建立一个博士师生之间关系的档案，来供大家查询使用。他到系里跟同事谈论这个构想，人家都认为此事既与学术研究无关，也跟教学沾不到边，好像也不是数学史的工作，总之不能算是正务，何必消耗时间呢？但是孔斯按捺不住自己的好奇心，便跟做计算机工作的夫人商议该如何进行。那时候正是万维网开始发展的初期，孔斯认识到把搜集来的数据放在网络上，才能发挥最好的展示与使用效果。于是他在1996年春季，给美国好几百个颁发博士学位的数学系发了一封信，请他们提供博士毕业生的人名、学位论文题目以及指导教授姓名。结果只有约30%的数学系答复了他的询问，那也就够他开张了。孔斯还需要花相当气力整理那些经过电子邮件、普通信件或传真送来的数据，他总算在年底把第一批3 500个名字上线了。紧接着的一月有美国数学会的年会，孔斯去圣迭戈的会场发表了最新提供给数学界的服务，他命名为"数学家谱计划"（Mathematics Genealogy Project）。

孔斯其实需要靠自己掏腰包来维持这个家谱计划，系里只补助一些学生助理的经费。但是他在1999年退休之后，拖到2002年，系里就再也不允许他继续占用办公室了。经过一番探询之后，孔斯决定搬去北达科他州立大学，他在那里分配到了办公室，并且获得了擅长计算机的学生助理，从此他就更加积极扩充数学家谱了。2002年，他还应邀去德国比勒弗尔德大学访问，因为那里设置了一个数学家谱计划的镜像站。他也就近去拜访很多德国的大学与数学教授，比较系统地搜罗德国的数学家谱数据。孔斯在建立数学家谱的过程中，除了在搜集新数据方面常常需要克服各种困难，另外一项恼人的事就是数据库的正确性问题。例如根据2006年家谱最初的记载，伊朗德黑兰的理论物理与数学研究所所长拉里江尼（Mohammed Larijani），在1980年获得美国加州大学伯克利校区的博士学位，论文研究的主题属于数理逻辑里的模型论，指导教授是罗伯特·沃特（Robert Vaught）。但是当年稍后，拉里江尼的页面被移除了，因为他虽然曾留学伯克利，但没有获得博士学位。多年来孔斯依靠使用数学家谱的热心人士，自动帮忙做校正工作，才使得数据库的失误愈来愈少，成为可靠度相当高的信息来源。经过这么长时间的耕耘，孔斯仍然每天早早起床，手持一杯咖啡先检查电子邮件。当他夫人还健在时，他会对一起分享晨间咖啡的她，兴奋地报告又收到了多少新资料。每次有人问他：“你还在推动数学家谱计划吗？”他会回答：“是数学家谱计划在推动我呢！”

经过20余年的努力开发，目前数学家谱计划已经得到克雷数学研究所（也就是提出7个百万美金千禧年开放问题的机构）的经费资助，以及美国数学会提供镜像站的支持，看来持续生存下去应该不成问题了。因为每年都会产生新的数学博士，所以家谱的规模预期将不断扩大。我在2021年1月1日检查了一下，家谱中已经有263 571项记录。但是同年1月3日再查一次，已经增加到263 803项记录，两天里多了232项，也蛮惊人的！从网站提供的统计图表来看，项目数量约略保持着线性的增加趋势。另外值得注意的是孔斯在搜集家谱时，把“数学家”这个名词解释得相当宽松，除了传统上的数学家，还扩及其他与数学沾边的学科，只要博士论文包含相当明显的数学内容，也就是能够分配进美国数学会制订的数学分支表就算数。例如，约有2 000多位归属于系统科学与控制论，同等数量归属于生物与其他自然科学，约3 500位列在运筹学与数学之下，超过18 000位算是计算机科学家。

家谱里每个获博士学位者的页面如下图所示（以我自己为例）：

Ko-Wei Lih

MathSciNet

Ph.D. Duke University 1976

Dissertation: *Recursive Functions of Hereditarily Consistent Objects*

Advisor: Joseph Robert Shoenfield

Student:

Name	School	Year	Descendants
Lai, Hsin-Hao	Taiwan University	2007	

According to our current on-line database, Ko-Wei Lih has 1 student and 1 descendant. We welcome any additional information.

顶端是我的英文名字 Ko-Wei Lih（我的"李"译得跟一般人不太一样），我是 1976 年从美国杜克大学在荀菲德教授指导下获得博士学位的，学位论文题目为《遗传一致性对象的递归函数》。我的学术下一代只有一位赖欣豪，他是2007 年从台湾大学数学系获得的博士学位。我名字底下的

那个超链接 MathSciNet，会连到美国数学会的《数学评论》数据库，从那里可以查询我的著作发表状况。

一旦数学家谱的规模到达相当大的程度，它就隐藏了很多关于数学界的生态信息，值得人来挖掘探索。例如一个简单问题，谁的门下毕业了最多的博士？以2021年开始时的数据为准，很让我感觉意外的是，居然是一位本科从台湾大学电机系毕业的郭宗杰（C.-C. Jay Kuo，1957—　　），他从1989年开始任教于美国的南加州大学，门下造就了156位博士生。平均每年要让5位或更多人获得博士学位，这是电机系才有可能达到的数量，在数学系里几乎难以想象。连柯尔莫哥洛夫（Andrey Kolmogorov，1903—1987）这样伟大的数学家也才培育了87位博士，已经算是正宗数学家里下一代为数最多者了。另一个令人好奇的问题是，谁的学术后代人数最多，结果是伊斯兰文明黄金时代的阿尔图西（Sharaf al-Dīn al-Ṭūsī，约1135—1213），他的后代人数高达171 714位。

数学家谱的核心关系是博士学位的师生关系，但是也有例外，就是爱尔兰的大数学家哈密顿，他的页面既无授业指导教授也无毕业博士生。把整个家谱里的师生关系看成联结节点（即个人）的边线，就产生一个网络的模式。这个网络如果加以定向（从指导教授指向学生），便成为有向网络。如此很自然地引进当代相当火的网络理论来分析，结果能帮助我们更加清晰地认识数学家世界的实况。一位研究网络动力学的嘉吉乌罗（Floriana Gargiulo）与合作者在2016年发表了一篇论文，专门分析了数学家谱计划数据库的状况。

网络理论提供很多适合做分析用的概念，例如可以把网络拆解成若干聚集性较为紧密的小团体。数学家谱虽然是师生的上下关系，但是因为有人的论文指导教授不止一位，所以家谱的网络并不是单纯的"树状"结构，而会产生回路。嘉吉乌罗的团队适当定义了如何把数学家谱划分成数学"家族"，每个家族内部不再存有回路，而真正成为树状结构。结果他们分辨出84个家族，而且几乎三分之二的数学家都归属于其中24个主要家族。最大家族开山族长是意大利人波卡斯特罗（Sigismondo Polcastro, 1384—1473），他其实是帕多瓦大学的医学教授，他的族人有56 387位。第二大家族属于俄罗斯人多布尼亚（Ivan Petrovich Dolbnya, 1853—1912），族人有18 968位。第三大家族属于法国人达朗贝尔（Jean Le Rond d'Alembert, 1717—1783），族人有15 732位。第四大家族属于德国人莱布尼茨（Gottfried Leibniz, 1646—1716），族人有10 039位。第五大家族属于英国人布拉肯（Henry Bracken,

1697—1764），族人有8 178位。其余19个家族总共包含33 882位族人。

嘉吉乌罗的团队从分析数学家谱数据库，还得到了一些学科变化与重心转移的结论。首先在1900年之前，也就是工业革命的时代，论文主题偏重物理方面的应用，包括热力学、力学与电磁学。到20世纪50年代论文主题便大量集中在比较抽象的领域，虽然有一些应用领域也受到关注，例如通信以及量子物理。最近十几年应用题材则大量涌现，包括统计与概率，以及计算机科学，特别能够看出计算机革命的影响。在国家的影响力方面，第一次世界大战之后，因为奥匈帝国的瓦解，原来奥地利与匈牙利的中心地位遭受重创，而俄罗斯明显崛起。第二次世界大战期间美国首次超越了德国，自然是因为大量欧洲数学家为逃离纳粹的迫害，而让美国接收了现成的人才红利。到20世纪60年代，苏联曾经兴盛过一阵，近年来因为数学家的外移，也有衰减现象。

数学家谱计划也收录了很多中国数学家的资料，包括在国内或国外获得博士学位者，或者像华罗庚先生虽无博士指导教授却有博士生，也拥有专属的页面。令我好奇的是中国数学家在这么一个庞大网罗世界数学家资料的环境中，是否可用网络分析的方法，跟其他国家对照辨识一下有什么特征？

最后我未能免俗，也对自己的学术传承感觉好奇。下面就是从数学家谱计划里查出来的结果，原来我是莱布尼茨与达朗贝尔的后裔。

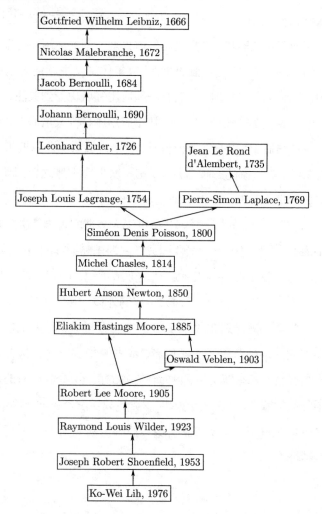

图书在版编目(CIP)数据

数学文化览胜集.历史篇 / 李国伟著.-- 北京：
高等教育出版社，2024.3
ISBN 978-7-04-061782-5

Ⅰ.①数… Ⅱ.①李… Ⅲ.①数学-文化②数学史
Ⅳ.①O1-05②O11

中国国家版本馆CIP数据核字(2024)第020327号

数学文化览胜集

——历史篇

SHUXUE WENHUA LAN
SHENG JI: LISHI PIAN

出版发行	高等教育出版社
社　　址	北京市西城区德外大街4号
邮政编码	100120
印　　刷	鸿博昊天科技有限公司
开　　本	850 mm×1168 mm　1/32
印　　张	4
字　　数	64千字
购书热线	010-58581118
咨询电话	400-810-0598
网　　址	http://www.hep.edu.cn
	http://www.hep.com.cn
网上订购	http://www.hepmall.com.cn
	http://www.hepmall.com
	http://www.hepmall.cn
版　　次	2024年3月第1版
印　　次	2024年3月第1次印刷
定　　价	29.00元

策划编辑	吴晓丽
责任编辑	吴晓丽
封面设计	王　洋
版式设计	王艳红
责任校对	马鑫蕊
责任印制	耿　轩